管理好情绪：

做一个内心强大的自己

张萌　编著

吉林文史出版社
JILINWENSHICHUBANSHE

　　情绪，是一个人各种感觉、思想和行为的一种心理和生理状态，是对外界刺激所产生的心理反应，以及附带的生理反应，包括喜、怒、忧、思、悲、恐、惊等情绪表现。比如，高兴的时候会手舞足蹈，发怒的时候会咬牙切齿，忧虑的时候会茶饭不思，悲伤的时候会痛心疾首……这些都是情绪在身体动作上的反映。情绪最可怕的就是"失控"，有人乐极生悲，有人自怨自艾，有人绝望自杀，原因何在？主要是情绪失控！其实，每个人都像在同自己战斗，情绪掌控能力差的人就会迷失自己，成为彻底的失败者；而情绪掌控能力强的人就能控制自己内心蠢蠢欲动的想法，能调节即将喷发的怒火，缓解内心的焦虑。唯有掌控好自己情绪的人，才能在人生的道路上走得更稳、更远。

　　现代医学已经证实，情绪源于心理，它左右着人的思维与判断，进而决定人的行为，影响人的生活。正面情绪使人身心健康，并使人上进，能给我们的人生带来积极的动力；负面情绪给人的体验是消极的，身体也会有不适感，进而影响工作和生活。情绪问题如果不予理会、不妥善处理就会越积越多，最后把你的一切都搅得面目全非。成功者掌控情绪，失败者被情绪掌控。处理情绪问题的关键在于学会对各种情绪进行调适，将其控制在适当的范围内。事实上，喜、怒、忧、思、悲、恐、惊等情绪表现，恰恰是成功与失败的关键，这些情绪的组合有着非凡的意义，掌控得当可助你成功，掌控不当就会导致失败，而成功与失败完全由你自己决定。

《管理好情绪：做一个内心强大的自己》是一部系统讲解情绪掌控原理、方法和现实运用的权威读本。本书首先从情绪的原理出发，全面、深入、系统地讲解情绪是什么，情绪有哪些方面等问题；其次，从情绪如何产生入手，讲解了人为什么会有不同情绪的产生，我们该如何使积极的情绪得到良好的培养以及怎样杜绝不良情绪的滋生；最后，从实际运用入手，通过比较实用、典型的方法和技巧来管理自己的情绪，最终达到掌控情绪的目的。同时，书中通过大量实例详细解读了情绪与心理的对应关系，并制定了如何在生活中保持健康情绪的方案，提出了行之有效的情绪掌控的方法，从不同角度向读者介绍了如何掌控自己的情绪，为读者的健康心理保健提供有力的保障。本书从心理学的角度解析了关于情绪的种种问题，可帮助读者了解情绪、掌控情绪并走出情绪陷阱，塑造一个平和、充实的人生，同时，也为那些正处于负面情绪中的人们提供一个走出困境的途径，帮助他们重新回到积极、乐观的生活中来。

目录·CONTENTS

第一章

情绪是什么

情绪伴随我们一生

生活中，我们难免会有各种各样的情绪随境而生。心中愉快时，我们就会开怀大笑；心中愤怒时，我们就会横眉竖眼；心中伤感时，我们就会泣涕涟涟。这些都是情绪的表达，仿佛也是我们与生俱来的技能。但是情绪有时候也会让我们十分苦恼，一些坏情绪干扰了我们的行为与生活，也给我们带来很多负面影响。

这就是情绪，无论你是否喜欢，它都与你绑在一起，伴随我们每个人的一生，它是客观事物是否符合人们需要、愿望和观点而产生的主观体验，也是对现实的反映，既体现了主体对客体的关系，也反映了主体对客体的态度和观点。

所以这种情绪反应带有很强烈的个人色彩，每个人因外物而引起

1

的情绪体验都是不同的。如当你正在安静思考的时候，一声紧急的刹车声就有可能让你心生厌烦；但是换成另外一个人，他的情绪可能就不会受这种外界的干扰，还是专注于思考中。

另外，人们在不同的时间段引发的情绪体验也会有所不同：比如一个人在前一分钟可能还觉得桌子上摆着的盆栽很漂亮，但是下一分钟可能就会觉得它既突兀又难看，原因可能就是他想起一件让自己生气的事。这种现象在我们的生活中十分普遍；又或者第一次的失败让你觉得羞愧难当，情绪低落，但是下一次的失败你就可能更快地从低落情绪中走出，失败的经验多了，也许就不会对你的情绪有负面影响。

情绪体验除了会有各方面的不同外，它还是会保持一定稳定性的，也就是形成我们所说的心境。《辞海》里这样解释：心境，心情也。心境之好，使人悦，催人奋进；心境之坏，使人颓丧，茫然无措。当一个人处于持续的健康情绪中，心境自然而平和，他的整体心理状况是积极向上的。

但是现在很多人无法保持心境的平静，尤其是在高压力、高节奏的工作环境下，每个人的心情就像是六月的天空，瞬息万变。很多人容易被自己的情绪左右，结果不仅影响工作，还不利于自己的身心健康。

我们与情绪朝夕相处、日日为伴，所以我们应该学会调整自己的情绪，使自己的心境保持在一个平和、极佳的状态。如果你现在面临困境，那么请保持乐观，将挫折视为鞭策自己前进的动力，遇事多往好处想，多聆听自己的心声，努力在消极情绪中加入一些积极的思考；如果此刻你感到焦虑，那么就静下来理智地分析原因，冷静地恢复自信心，使自己振奋，摆脱主观臆断。如果此刻你感到抑郁，那么就可以郊游、运动、与人交谈、读书写字、听音乐、看图画等既能转移"视线"又对健康有益的活动，往往对人产生良性刺激，使你得以解脱。

另外，情绪还对生命健康有很大的影响。当心情愉悦的时候，个人的精神、体力、想象力都达到了最佳状态，这个时候不仅在工作、生活上会觉得如鱼得水，而且还能化干戈为玉帛、化疾病为健康，甚至还能把握机遇，享受成功的喜悦，从而让生命锦上添花。但是坏心情就不同，当个人情绪处于低迷消极期，不仅会觉得各种琐事、烦心事都向你涌来，让你应接不暇、招架不住，而且会整天愁眉苦脸地面对生活，不管做什么事情都不积极，导致错误百出，还经常跟别人发脾气，不愿意配合别人的工作，人际关系相当紧张，从而使心情更加消极抑郁，这时候的你茶不思、饭不想、夜不寐，长此以往，这些负面的情绪很可能诱发各种疾病，你的健康就会亮起红灯。

既然情绪是伴我们一生的朋友，我们就要把握住自己的情绪规律，从而由渐悟到顿悟，让自己的心境修成正果。当然，我们还要学会呵护、调理好心情，不断使其滋润生命，让生命更加丰盈、饱满，促使生命之花灿烂绽放。

情绪是怎么一回事

情绪与我们的生活密不可分，我们就应该时刻关注情绪，并深入地了解它。下面我们就从以下 4 个方面来认识情绪：

1. 情绪如何产生

科学研究表明，人的大脑中枢的一些特殊的原始部位明显地决定着人的情绪。但是，人类语言的使用和更高级的大脑中枢又影响和支配着比较原始的大脑中枢。影响着人的情绪和行为的主要来源是人自己的思维。另外，有些专家也指出：遗传结构只是在很小程度上决定着你是倾向于安静还是倾向于激动。而孩提时的经验和当时周围人的情绪则诱发着你的情绪萌芽。各种生理因素（如疾病、睡眠缺乏、营养不良等）可能使你变得容易激动。但是，对大部分人来说，这些因素并不能决定我们能否免受焦虑、愤怒和抑郁之苦。

我们的情绪在很大程度上受制于我们的信念、思考问题的方式。如果是因为身体的原因而使自己产生不愉快的情绪，则可借助药物来改变身体状况。但我们非理性的思维方式就像我们的坏习惯一样，都具有自我损害的特性，而又难以改变。这正是情绪不易控制的真正原因。

2. 情绪的种类

情绪的种类主要分为以下几种：

（1）原始的基本的情绪。

这类情绪具有高度的紧张性，包括快乐、愤怒、恐惧和悲哀。

（2）感觉情绪。

这类情绪包括疼痛、厌恶、轻快。

（3）自我评价情绪。

这类情绪主要取决于一个人对自己的行为与各种行为标准的关系的知觉。包括成功感与失败感、骄傲与羞耻、内疚与悔恨。

（4）恋他情绪。

这类情绪常常凝聚成为持久的情绪倾向或态度，主要包括爱与恨。

（5）欣赏情绪。

这类情绪包括惊奇、敬畏、美感和幽默。

3. 情绪的反应模式

情绪的反应模式是多种多样的，依据情绪发生的强度、持续的时间以及紧张的程度，可以把情绪分为心境、激情和应激反应3种模式。

（1）心境。

心境是一种微弱、平静、持续时间很长的情绪状态。心境受个人的思维方式、方法、理想以及人生观、价值观和世界观影响。同样的外部环境会造成每个人不同的情绪反应。有很多在恶劣环境中保持乐观向上的例证，像那些身残志坚的人、临危不惧的人都是情绪掌控的高手。

（2）激情。

激情是迅速而短暂的情绪活动，通常是强有力的。我们经常说的勃然大怒、大惊失色、欣喜若狂都是激情所致。很多情况下，激情的发生是由生活中的某些事情引起的。而这些事情往往是突发的，使人们在短时间内失去控制。激情常是矛盾被激化的结果，也是在原发性的基础上发展和夸张表现的结果。

（3）应激反应。

应激反应是出乎意料的紧急情况所引起的急速而又高度紧张的情

绪状态。人们在生活中经常会遇到突发事件，它要求我们及时而迅速地做出反应和决定，应对这种紧急情况所产生的情绪体验就是应激反应。在平静的状况下，人们的情绪变化差异还不是很明显，而当应激反应出现时，人们的情绪差异立刻就显现出来。加拿大生理学家塞里的研究表明：长期处于应激状态会使人体内部的生化防御系统发生紊乱和瓦解，随之身体的抵抗力也会下降，甚至会失去免疫能力，由此就更容易患病。所以我们不能长期处于高度紧张的应激反应中。

4.影响情绪变化的因素

影响情绪变化的因素有很多，概括起来主要有以下 3 个方面：

（1）遗传因素。

遗传因素对情绪的影响主要体现在人的高级神经活动方面。我们可根据高级神经活动类型的三个基本特征，即兴奋与抑制过程的强度、灵活性、平衡性，将受遗传影响的情绪分为四种类型：胆汁质、多血质、黏液质、抑郁质。遗传因素对情绪的影响一经产生，就很难改变。

（2）个人认知因素。

情绪是由刺激引起的一种主观体验，但刺激并不能直接导致情绪反应，而是要经过人的认知活动进行评价，而后才决定人体验到什么样的情绪。对同一事物，不同的人由于需要不同、观念不同、理解不同，情绪体验相差甚远。同样，由于认知不同，表现在不同人身上的同样的情绪，其产生的原因也可能是千差万别的。同一种刺激会产生不同的情绪，比如：迎面来了一个熟人，他并未向你打招呼，匆匆而过。如果你认为他故意装作没看到你，你的心情会很坏；如果你认为他很忙，根本没注意到你，你就不会懊恼。因此，你对事件的理解，很大程度上决定了你的情绪状态是好是坏。如果改变认知观念，转变理解角度，你就会有一个良好的情绪体验。

（3）特定的环境因素。

环境因素对人的情绪也有一定的影响。特定的环境可以增强或者减弱情绪变化的速度和强度。美丽的山水、清新的空气、宽松整洁的办公室等环境会使你心情愉快，而嘈杂的街区、拥挤的交通则无疑会让你感到烦躁。社会环境对人的影响可能更大，他人对自己的关怀、帮助，将使个体出现的焦虑、紧张、痛苦得到缓解，甚至彻底消失。

了解了这些情绪的基本知识，有助于我们下面深入探讨情绪。情绪说浅显真的很浅显，说高深也就真的很高深，需要我们每个人认真学习。

情绪是一种反应形态

情绪作为一种反应形态，有快乐、悲伤、兴奋、惊讶、愤怒、沮丧等多种表现形式。不同的原因引发不同的情绪，了解这些原因，才能更好地掌控情绪。总体来看，情绪包括生理变化、主观感觉、行为冲动和表情动作这四个方面的反应形态。每一种反应形态有其特点，并不是所有形态都必须同时出现，我们的情绪可能会通过其中的几项来表达。下面就主要介绍一下：

1. 生理变化

情绪会引起人们的某种生理反应，这是在生活中司空见惯的。比如"怒发冲冠"这四个字就是形容人极度愤怒而让头发都竖起来了，虽然有一点夸张，但也能很好地说明情绪反应与生理变化之间的关系。还有些人害羞时会脸红，也是情绪反应中的生理变化，反之，我们通过脸红，就可以知道这个人可能是害羞了。

另外，情绪的变化也会受人自身神经系统的控制。而自律神经可以通过大脑的间接控制指令进行自我情绪调节。当你很兴奋的时候，自律神经会告诫自己要保持冷静；当你很激动的时候，自律神经又会自我调整到缓和的状态。

2. 主观感觉

不同的人面对同一种事物，反应不一定相同，这就是主观感觉特征。比如有人看到晴天会产生愉悦感，讨厌阴雨天，而有人则喜欢雨天漫步，讨厌艳阳高照。他们对于天气的不同感受也同样影响着其自身的情绪。

不同的人可以有不同的主观感觉，或高兴或生气或喜欢或不喜欢，这都是自己的情绪，与他人关系不大。即使面对相同的情况，每个人的反应也不尽相同。因此，我们要彼此尊重对方的情绪，千万不要将自己的感觉推己及人。你喜欢喝咖啡提神，有人或许喝咖啡容易犯困。假如你出于好意请对方喝咖啡一同加夜班，反而会耽误了对方的工作。错误地通过自己的主观感觉去判断别人的主观感觉，很有可能会弄巧成拙。

另外需要注意的是，主观感觉的私人化特征比较明显。对一件事物不同的主观感觉，对情绪的影响也不尽相同，"将心比心"应当站到别人的立场去想问题，观察问题，尤其不要将自己的主观感觉强加到别人头上，剥夺别人的评估能力。正所谓"己所不欲，勿施于人"。

3. 行为冲动

行为对人的情绪影响分为正面和反面的影响，好的行为能够促进积极情绪的产生，然而行为上的冲动则容易导致负面情绪产生。

比如，学生考试成绩不好，假如老师通过研究总结发现成绩下滑的原因，通过鼓励缓解学生的焦虑情绪，良好的情绪可以促进学习的进步，反之，假如老师一味打骂学生，学生就会出现抵触情绪，容易厌恶学习。因此，要在冲动之前保持冷静，才能避免冲动之后的后悔。

4. 表情动作

喜欢某种东西时会表现出高兴，厌恶某人时会撇嘴，看东西时会很专注……表情动作这一特征对于全人类来说，状态都是一样的，大家都能从表情动作上看出个人情绪的变化，这也是不需要语言的"世界语"。

然而，很多情绪并不是表面上的表情动作就能体现出来的，不同的后天教育和文化的影响，表情动作表现的方式方法也不一样。

中西文化有差异，即使同样表达同一种情绪，个人采用的表情动作也会不同，西方人喜欢自然地表现出喜怒哀乐的情绪，中国人则讲究含蓄；美国人认为一个人有话就说是有能力的表现，中国人在很多时候会认为这是"出风头"，容易成为众矢之的，"枪打出头鸟"。大学生走上工作岗位，尤其要注意如何利用表情动作去合理表达情绪，不能不表现，也不要乱表现，通过适当地表现来表达情绪才是比较合理的。

了解了这四种反应形态之后，我们就能更好地把握自身和他人的情绪。注意不要刻意压制自己的情绪反应，长此下去，对我们的精神与身体都是非常有害的。

人人都有情绪周期

我们的情绪好比月有阴晴圆缺一样，也会有高低起伏的周期，这叫作情绪周期。情绪周期又称"情绪生物节律"，是指一个人的情绪高潮和低潮的交替过程所经历的时间。情绪周期反映的是人体内部的周期性张弛规律。

科学研究表明，人的情绪周期从出生的那一天就开始循环，周而复始。一个情绪周期一般为 28 天，也不排除有的人的周期较长或较短。前一半时间为"高潮期"，后一半时间为"低潮期"。在高潮与低潮过渡的 2 至 3 天是"临界期"，这一阶段的特点是情绪不稳定，机体各方面的协调性能差，容易发生不好的事情。

人的情绪的周期性变化，如同一年里有春夏秋冬的四季变化一样。如果处于情绪周期的高潮期，就会对人和蔼可亲，感情丰富，做事认真，容易接受别人的规劝，表现出强烈的生命活力，自己本身也感觉很轻松；倘若处于情绪周期的低潮期，则喜怒无常，常感到孤独与寂寞，容易急躁和发脾气，易产生反抗情绪。

少泽有一个温柔内向的女朋友小佳，他对小佳各方面都很满意，唯独有一点让他不能理解，那就是小佳有时会莫名其妙地发脾气。事后小佳总是说自己当时就是控制不住情绪，总有一股无名之火在胸中燃烧。后来，少泽经过自己的一位学习心理学方面的朋友讲解之后，才明白原来小佳是受到了情绪周期的影响，只不过她的症状更明显一些而已。

小佳就是受情绪周期影响的典型例子，每个人的情况或轻或重，而小佳刚好是比较重的那一种，但是这都是正常的，我们应该科学正确地去看待，而不能视此为心理疾患。

具体来说，虽然女人和男人都有情绪周期，但是女人的情绪周期表现要比男人更强烈一些，下面就详细解读一下：

1. 情绪周期中的女人

一般来说，女人的情绪周期在行经前的一个星期左右及行经期间，这一期间身体会出现种种与经期有关的症状，例如腹胀、便秘、肌肉关节痛、容易疲倦、长粉刺暗疮、胸部胀痛、头痛、体重增加等种种身体不适；有些人还会食欲增加、显得沮丧、神经质及容易发脾气等。这是由于女性体内的荷尔蒙变化所导致的，雌激素、肾上腺素等荷尔蒙出现了变化，马上会引起生理上的变化。心理情绪随着生理变化也会呈现一系列表征。

情绪周期不可避免，但我们可以通过记录，在周期到来之际控制自己忧郁、焦躁不安、想发脾气的心理，来避免不良情绪对身心的影响。

2. 情绪周期中的男人

人的生长、发育、体力、智能、心跳、呼吸、消化、泌尿、睡眠乃至人的情绪全部受体内生物节律的控制。男人的情绪周期也是一种正常的生物节律变化，受男性机体激素水平变化的影响。只不过，有的男人情绪周期表现明显，有的表现不明显。

男人的情绪周期受工作和工作环境的影响很大。轻松的工作和有规律的生活会使其情绪放松，男人的表现则会积极乐观；长时间的紧张工作和不规律的生活容易导致情绪周期失调，心情烦闷、急躁，情绪处于压抑的状态。

科学研究表明，情绪节律周期影响着男人们的创造力和对事物的敏感性、理解力以及情感、精神、心理方面的一些机能。在"情绪高潮"期，男人往往表现得精神焕发、谈笑风生；在"情绪低潮"期，他又变得情绪低落、心情烦闷、脾气暴躁。

男人的情绪周期体现在情感表现上，可以用"橡皮筋"来形容：亲密—疏远—亲密。通常在最初的时候，男人对你完全信任，充满爱意，两人天天在一起。不久之后，男人会心不在焉，开始疏远你，乃至不愿与你说话。经过一段时间的独处和反省之后，他会再次情意绵绵。理解男性的情绪周期的表现，两个人的相处会更加融洽。

在我们明白了情绪周期的客观存在之后，我们就要更好地利用情绪周期，首先，我们要如实记录下自己的情绪变化，这样才能描画出自己的基本情绪周期，在这里有一种简单的表格测评方法，可以有效地帮助大家。

日期 心情	1 日	2 日	3 日	……
兴高采烈＋3				
愉悦快乐＋2				
感觉不错＋1				
平平常常　0				
感觉欠佳—1				
伤心难过—2				
焦虑沮丧—3				

通过每天晚上对当天情绪的回想，在与日期相符合的表格里打上记号，一个月之后，把记号联系起来，就可以发现情绪韵律的模式，经过几个月的概括，我们便可以知道自己情绪的高潮期和低潮期。

掌握了自己的情绪周期，可以将其运用到日常生活中。根据自己情绪周期的"晴雨表"，我们可以安排好自己的生活和工作。遇上低潮和临界期，我们可以运用意志加强自我控制，可以把自己的情绪周期告诉自己最亲密的人。一方面，让他提醒你，帮助你克服不良情绪；另一方面，避免不良情绪给自己的交往带来不便。在工作和生活中，因为人在情绪低落的时候容易畏惧不安，而在情绪高涨的时候乐意迎接挑战。我们则可以在情绪良好的时候安排一些难度大、烦琐、棘手的任务，在情绪处于低潮期的时候做一些简单的工作，放松思想，多参加群体活动，学会倾诉，寻求心理支持，切记不要强迫自己违背情绪周期的规律。

情商与情绪管理

我们所说的情绪控制与管理能力被心理学家引申为"情商"这个概念。1990年，一个心理学概念的提出在世界范围内掀起了一场人类智能的革命，并引起了人们旷日持久的讨论，这就是美国心理学家彼得·塞拉维和约翰·梅耶提出的情商概念。紧跟其后的1995年10月美国《纽约时报》的专栏作家丹尼尔·戈尔曼出版了《情感智商》一书，把情感智商这一研究成果介绍给大众，该书也迅速成为世界范围内的畅销书。

过去，人们往往认为智商比情商更重要，从而忽视了对情商的开发和培养。但现实告诉我们，情商比智商更重要。与人打交道会遇到不同性格、不同文化、不同背景的人，情商高的人，往往在工作和生活中能够如鱼得水、游刃有余。

超市等着结账的队伍排得越来越长。玛格丽特大概排在队伍的第十位，因此不清楚前面发生了什么事。只听到有人叫来主管，要打开收款机检查，看来还得等很长时间了。

玛格丽特等得有些不耐烦了，但是理智告诉她不能发火，因为她认为出现故障也不是收银员的错。时间过去了 10 分钟，收款机还是没有修好，这时队伍远处传出喊叫声。队伍前面有个男子在骂收银员和主管："你们是什么专业素质啊！这么大的超市怎么会犯这种低级的错误呢？你们不会修好收款机啊？没看见队伍有多长吗？我还有事，太可恶了。"

收银员和主管只好道歉，说他们已经在尽力修了，建议男子换个收款台。"为什么要我换啊？是你们的错，又不是我的错，浪费我的时间，我要给你们领导写信。"男子丢下满是物品的购物车，气愤地离开了超市。

男子离开后一两分钟，又发生了三件事。为了不耽误这支队伍的顾客交款，超市在旁边又专门开了一个收款台；刚才坏了的收款机也修好了；为了表示道歉，主管给玛格丽特及这个队伍中的其他顾客每人 5 英镑的优惠券。

玛格丽特挺高兴的，买东西还得到了优惠。但是，那个愤怒的男子却既没有买到自己想要的东西，又没得到优惠券，还跟人生气发火。

在这个故事中，谁运用了情商？显然是玛格丽特，她虽然也有些生气，但她没有发火，只是耐心地等待，她站在别人的角度分析了情况，而她前面那个愤怒的男子完全没有控制自己的情绪，情商从某种程度上来说有些不足。

情商不是天生注定的，它由下列 5 种可以学习的能力组成：

1. 了解自己情绪的能力

这种能力包括能立刻察觉自己的感觉、情绪、情感、动机、性格、欲望，以及基本的价值取向等，行动上以此为依据。它能够了解情绪产生的原因，能够适时地认识到自己的负面情绪。了解自己的真实感受的人才不至于沦为感觉的奴隶；掌握自己的感觉，个人才能成为生活的主宰，对人生大事做出妥善的选择。

2. 控制自己情绪的能力

这种能力是能够认识和协调自己的快乐、愤怒、恐惧、爱、惊讶、厌恶、悲伤、焦虑等情感；能够安抚自己，摆脱强烈的焦虑、忧郁以及能够控制产生刺激情绪的根源；懂得进行自我调节，把负面情绪抛到九霄云外。这方面能力较匮乏的人往往会陷入低落的情绪之中。

3. 激励自己的能力

这种能力是能够整顿情绪，让自己朝着一定的目标努力，增强注意力与创造力。自我激励能够使人走出生命中的低潮，重新出发。人生难免会碰到一些挫折和困难，面对这种情况，积极的人往往会自我激励，迎难而上，从失败中吸取经验，提高自己；而消极的人，常常会往坏处想，越想越坏、越做越糟。

4. 了解别人情绪的能力

这种能力体现在能够理解别人的感觉，察觉别人的真正需要，具有同理心，即能善于感觉别人的感受。认知他人的情绪是与他人正常交往，实现顺利沟通的基础。一般，有同理心的人能从微小的信息上感觉他人的需求，了解他人的情绪、性情、动机和欲望等，并做出适度的反应。要学会察言观色，善于从对方的语言、语调、语气、表情、手势和姿势等来判断他人真实的情绪和情感。善于识别他人的情绪，想人之所想，急人之所急。

5. 维系融洽人际关系的能力

人际关系属于一门管理他人情绪的艺术，一个人的人际和谐程度、领导能力通常与这个人能否细微地关注、恰当地对待他人的情绪有关。要能够理解并容忍别人的情绪。人际交往能力是情商的核心部分，高情商的人都是人际交往能力强的人，而沟通和交往的要点是善解人意。

以上几种能力中，情绪控制、自我激励是中心问题，它们和其他几种能力相互补充、相互贯通、相互制约。

情绪是一个警示信号

情绪有好有坏，坏的情绪很明显，好的情绪却往往容易被人忽略。然而，无论情绪是好是坏，我们都应该认识到，虽然情绪作为一种本能的反应，但是我们都应当意识到情绪对自身的警醒作用和管理情绪的重要性。

1. 情绪提醒我们自身观念的问题

人和人之间情绪的不同，主要源于彼此观念的不同。如果我们的观念出现了问题，那么情绪也会随之出现问题。例如有些人存在浓重的个人私利观念，一旦别人侵犯到他们的利益，他们就会立刻产生愤怒情绪；还有一些人对自我认识不足，他们容易产生自满情绪或自卑情绪。

所以想要拥有良好而且适度的情绪，我们必须调整自己的观念，使它达到一个正常的标准。

2. 情绪提醒我们心理的问题

一些不良情绪向我们反映了自身心理可能出现了偏差，甚至出现了心理问题。例如郁闷情绪就容易和抑郁挂上钩，如果只是短时间的郁闷，那只是一个正常的情绪反应；但如果一个人长期处于郁闷情绪中难以自拔，或许就是抑郁心理在作祟了。

我们需要区分哪些情绪是短暂的、符合正常值的，哪些情绪是长期的、超出正常值的。这样我们才能及早排除自己心理存在的问题，让情绪及早回归理性。

3. 情绪提醒我们行为习惯的问题

情绪作为一种反应，还向我们昭示了一些自身行为习惯的问题。

当你饿的时候，摆在你面前的是满桌的美味佳肴，在饥饿感的驱使下很多人会迫不及待地想动筷子，这是饥饿情绪的本能反应，然而，肚子饿只是一个讯号，你应当在动筷子之前，考虑一下是否需要等待别人来了之后一起就餐，否则很不礼貌。这就是所说的情绪警示，它使人在处事时三思而后行，有助于个人在为人处世中得以方圆。

倘若吃饭的时候一味地从自己的本能情绪出发，自己的情绪虽然受到了照顾，却容易引起其他人的反感，任由情绪的发展，不是一件好事。我们需要将情绪自然反映出来，但也不能忽视情绪产生的不良后果，应当具体问题具体分析，通过对情绪生成的解析来具体行事，这正如过马路的黄灯区，行人都会停下来考虑自己下一步该干什么，情绪的表现也需要一个思考的过程，不能任由情绪自由发展。现在很多人没有将情绪作为警示灯来认真分析对待，喜怒哀乐直接显示在脸上，这样不利于人与人之间的相处。

4. 情绪提醒我们身体的问题

我们都知道，身患疾病的人在情绪方面表现很强烈，他们经常情绪不稳定，起伏性大。易烦躁激动，爱发脾气。情绪激动时，表现出极大的焦躁不安，有时难以控制自己。对外界因素反应更加敏感，对身体的细微变化和各种刺激往往表现出过度的情绪反应。一点微小的事情，也会成为引起强烈情绪产生的导火索。别人的一句不合意的话，也会使其感到受了极大的委屈。甚至别人说话声音太大或者收音机音量太响，也会令其烦恼。

从这一点就可以看出，某些情绪的集中爆发可能就是我们身体出现问题的警讯，不能不加以重视。找不到情绪源的负面情绪可能就是由身体疾病引发的，例如莫名其妙地烦躁不安、毫无理由地生气和低落消沉的情绪可能都是某种疾病潜伏在你身体里的征兆，我们要多加注意。

当代社会高速发展，人们的压力也越来越大，对情绪的管理便显得非常重要，在稳定的情绪下，一切都很容易顺利展开，但情绪不好的时候，行事则十分困难。因此，我们要管理好自己的情绪，适当地调整自己的情绪，然后才能一心一意去做事，所做的事情才能更见成效。

情绪的"蝴蝶效应"

气象学中有一种"蝴蝶效应"的说法：如果身处南美洲亚马逊河流域热带雨林中的一只蝴蝶偶尔扇动几下翅膀，两个星期之后，美国的得克萨斯州可能会发生一场龙卷风。一只小小的蝴蝶扇动翅膀引起一场大的龙卷风，这听起来有些不可思议，但事实确实如此。因为蝴蝶扇动翅膀的过程中，可以引起微弱气流的产生，由此导致旁边的空气和其他系统发生变化，从而引起连锁反应，最终导致其他系统的极大变化。

同样，在生活中也存在"蝴蝶效应"，其中最明显的一种表现是情绪，情绪的起因往往就是一句话、一个无意动作的影响，或许说话人自己都没有注意，但为日后事情的发生埋下了伏笔。如果我们不注意处理微小的不良情绪，就有可能由于情绪的积累酿成大祸。

生活中的小事情往往是情绪产生的最根本原因，小事情可以置人于死地，也可以挽救生命，关键就看这小事情所引起的情绪是正面的还是负面的，而我们又是否能够妥善地处理好产生的情绪。

很多朋友都不明白东子是怎样把临街那家水果店开得如此红火，以前在那个位置开店的总是不超过一个月就关门了，而东子的店自从开张以来生意就没有断过，而且还越来越好。一次朋友们去参观东子的店才明白这其中的奥妙：有大爷大妈来店里买东西的时候，东子总是亲切地叫出王大妈或李大爷，从没有叫错过，而且还会关心地问一句身体状况，遇到年轻人还会和他们聊聊天。在朋友眼里，所有客人都成了东子的朋友。

在东子的水果店里，人们得到的都是一些轻松愉悦的心情和积极正面的情绪。即使在客人进店之前还有些许负面情绪，也能在东子那里得到发泄和沟通。有时候一句关怀的话、一个善意的行动也能温暖人心，可以产生促进好的情绪的"蝴蝶效应"。

我们需要关注情绪最初产生的细微原因，并对此保持高度的"敏感性"，尤其要注意情绪的变化，通过及时调整心态来保持自身良好的情绪状态。只有从最初的根源对情绪及时把握好，才能避免负面情绪的积累，才能促进积极情绪的有效形成。

第二章

是什么在影响你的情绪

性格对情绪的影响

不同的外界刺激会使不同的个体产生不同的情绪。由于情绪是个体和外界刺激共同作用的结果，因此，个体心理特征对情绪的产生具有重大的影响。所谓个体心理特征就是我们常说的性格。

性格是情绪的宏观表现，情绪是性格的微观组成，性格与情绪之间有着千丝万缕的联系，如果要认识并有效管理自己的情绪，就必须首先了解并熟悉自己的性格。

性格主要表现在对自己、对他人、对事物的态度所采取的言行上，是个体独特的、一贯的行为心理倾向。如，大多数人都具有趋利避害的倾向，总是愿意去接近那些能给自己带来快乐的事物，同时回避那些可能会给自己带来痛苦的事物。人类的性格在很多方面具有共性，这些共性甚至被提炼成不同的品质一代代地继承和发扬。举例来说，从人们对社会、对集体、对自己的态度中所展现出的诸如公正和徇私、热情和冷漠、慷慨和吝啬、勇敢和懦弱等，都属于性格特征。由于性格特征种类繁多且彼此并不相同，这使每个人身上都表现出自己独特的风格和个性差异。以下介绍两种典型的性格：

安静型的性格，又称内向型性格。这种性格的人心理敏感，感情细腻丰富，善于分析，但易得出消极的结论，所以看待事物较为悲观。安静型性格的人在情绪发生变化的时候，通常有两种反应：一是在情绪中挣扎，时而战胜情绪，时而被情绪所战胜，乐观和悲观交替，直至有新的刺激介入并打断这种混乱状况；二是沉溺在情绪中，任由情绪掌控自己登上兴奋的顶点或是落至沮丧的低谷，不加以任何控制。

冲动型的性格，又称外向型性格。这种性格的人比较乐观，而且热情，总是精力充沛，可以同一时间做好几件事，而且热衷于此，享受忙碌的感觉。性格冲动的人善于取悦他人，也容易获得他人的好感，融入新的氛围。但通常组织能力较差，耐受性不高。冲动型性格的人自始至终对社交活动保持高度的热情，适合有弹性的工作，特别是交际类型的工作。但是，对于必须遵守预设好的时间行程，或有时间限制的事情，他们很容易感觉沮丧。因此，这种性格的人不太适合稳定、枯燥的工作。

性格的形成是一个很复杂的过程，是内外因共同作用的结果，既有先天因素，也有后天因素。先天因素主要是基因方面，后天因素则主要是自身长期受外界环境影响而积累的情绪体验。如人的成长过程中或多或少会受到他人的影响，有直接的言传身教，也有间接的学习、模仿，或是通过书籍、电视、网络等媒介认识和观察到其他人对事物的态度和行为方式，然后自己会对这些事物产生相关的情绪反应，并由情绪引导做出行动，情绪加行动的组合就成为我们后天的性格。

人与人的性格千差万别，有的人偏激刚烈，有的人中庸温和。刚烈可以说是天生的性格，严格地说，这不能算是缺点，但刚烈的性格不容易控制自身的情绪，会给生活带来麻烦。可以通过后天的努力，有意地使自己的性格朝着有利于控制自身情绪的方向发展。

我们为何会产生忧虑

忧虑是一种很复杂的情绪，是痛苦、愤怒、焦虑、悲哀、羞愧、冷漠等情绪复合的结果。它是一种广泛的负面情绪，又是一种特殊的正常情绪；忧虑超过了正常界限就会变为抑郁症，成为病态心理。由于每个人的心理素质不同，因此，忧虑有时间长短、程度强弱之分。

忧虑的核心表现就是郁郁寡欢，这样的人常常会莫名其妙地焦虑不安、苦闷伤感。如果再遇上环境刺激，就犹如"火上浇油"，进一步激发并加重忧愁和烦恼。大家所熟悉的《红楼梦》中的林黛玉，就属于这类带有忧虑情绪的人。林黛玉有着能让"落花满地鸟惊飞"的美貌，比传统美女的沉鱼落雁更富有情韵。而这样一个融古往今来之秀美，集仙界凡间之灵慧的标致人物，最后却因郁郁寡欢败给薛宝钗，丢了自己的大好姻缘，含恨魂归离恨天。一般来讲，性格内向、心胸狭窄、任性固执、多愁善感、孤僻离群的人多带有忧虑倾向。

除此之外，忧虑的表现还可以是这样：有的人总觉得"生不逢时"，有一种"怀才不遇"的感觉，于是抱怨生活对自己不公平，觉得一切都不顺心、不满意；有的人将个人的利害关系、荣辱得失看得太重，为了一些微不足道的事整日患得患失、忧心忡忡，以致造成心理疲劳，影响正常的工作、学习和生活；有的人甚至"庸人自扰"，整日忐忑不安，自寻烦恼。

有一位经营服装批发的商人，由于经营不慎，赔了几笔生意，为此他整天心情郁闷，每天晚上都睡不好觉。妻子见他愁眉不展的样子十分担心，就建议他去找心理医生看看，于是他前往医院去看心理医生。医生见他双眼布满血丝，便问他："怎么了，是不是受失眠所困扰？"商人说："可不是嘛！"心理医生开导他说："这没有什么大不了的，你回去后如果睡不着就数数绵羊吧！"商人道谢后离去了。

过了一个星期，他又来找心理医生。他双眼又红又肿，精神更加不好了，心理医生非常吃惊地说："你是照我的话去做的吗？"商人委屈地回答说："当然是呀！还数到三万多头呢！"

心理医生又问："数了这么多，难道还没有一点睡意？"商人答："本来是困极了，但一想到三万多头绵羊有多少毛呀，不剪岂不可惜？"心理医生于是说："那剪完不就可以睡了？"商人叹了口气说："但头疼的问题来了，这三万头羊毛所制成的毛衣，现在要去哪儿找买主呀？一想到这儿，我更睡不着了！"

无论做人还是做事，我们都要想得长远一些。但有些事想得太

24

远，就会造成太多的压力，烦恼也会随之而来，就像案例中的失眠忧虑的那个人一样。因此，我们要学会静心，不牵挂那些不该牵挂的事情，这样才能保持轻松快乐的心情。

科学家对人的忧虑进行了科学的量化、统计、分析，结果证明忧虑是毫无必要的。统计发现，40%的忧虑是关于未来的事情，30%的忧虑是关于过去的事情，22%的忧虑来自微不足道的事，4%的忧虑来自我们改变不了的事实，剩下4%的忧虑来自那些我们正在做着的事情。

忧虑通常会使人心神不宁，进而精神失控。忧虑会使一个人老得更快，不仅会摧毁他的容貌，甚至会对其健康产生严重威胁。过度忧虑不可取。凡事退一步想，不要耿耿于怀。

当你忧心忡忡的时候，当你唉声叹气的时候，不妨把你的忧虑写下来，然后在科学家的分析中为自己的忧虑归类：它是属于40%的未来，30%的过去，22%的小事情，4%的无法改变的事实，还是剩下的那一个4%？

想要摆脱忧虑情绪，就要适时地安慰和劝导自己。无论是逃避问题还是对问题过分执着，实际上只可能有两种情况。一种是问题并不像我们所想的那么糟，没有到无可挽回的地步。只要采取积极正确的态度，问题就会得到解决。这样，我们也就没有什么可忧虑的了。另一种情况是问题的确超出了我们的能力所能解决的范围，这时我们就需要乐观一些，学会承受不可避免的事实，尽可能地让自己的情绪不至于失控。

是什么原因造成了悲观情绪

一个人为什么会有悲观的情绪？其产生原因是多方面的，但主要是来自自我。正如英国作家萨克雷所说："生活就是一面镜子，你笑，它也笑；你哭，它也哭。"有悲观情绪的人总喜欢想到事情最坏的一面，仿佛天马上就要塌下来了一样。这种人看不到美丽的云彩，只会一味地担心天是否要下雨；看不到拳击手被击倒后爬起来的顽强，而只为他的伤痕累累而心悸。对于悲观者而言，一个很小的打击也足以使他绝望，令他一败涂地。

玲玲是一个年轻的女孩，但她并不像同龄人那样开朗，悲观情绪总是萦绕着她。她时常觉得生活没有目标，最近这种情绪越来越强烈，好像做什么都没心情，很孤独，周围的环境又让她觉得很无趣。她也想改变，但又觉得自己能力不够，越来越自卑，不爱说话，于是也就显得有些孤僻。她也是个爱思考的人，曾用很长一段时间来思考活着的意义，但她发现自己找不到答案，她觉得很迷惘，眼看就要大学毕业了，她不知道以后的路该怎么走。

在心理咨询室里，她对心理医生说："我很不幸，可以说是在同学和邻居的指指点点下长大的。我从小心里就充满了自卑，很封闭、很悲观，导致了我从来交不到朋友，别人看我外表冷漠也不敢和我交流。现在长大了，外表使我有不少追求者，也不那么自卑了，我也爱上了一个男孩，现在是我的男朋友，可是我总是很悲观，认为我们早晚会分开。他开始还能忍受，可现在经常因为这个和我吵架，我也知道自己不对，可就是不能改变。"

玲玲的烦恼正是一种常见的心理障碍——悲观。悲观是一种有害的心理状态，是瘟疫，是一种毁灭。人类的一切疾病都有医治的可能，但倘若一个人的内心不再有任何希望，充满着抑郁的影子，那么再高明的医生也回天乏术。

美国著名心理学家赛利格曼认为，悲观的人对失败的看法与乐观的人有所不同，悲观者在看待失败上有三个特点：

第一，从时间长度上，悲观的人把失败解释成永久性的；而乐观的人则认为一次失败是暂时的，下次就会好了。

第二，从空间维度上，悲观的人把失败解释成普遍的，如果某个阶段目标失败了，就会认为自己会在所有目标中都失败；而乐观的人则不会将失败普遍化，认为某个目标没实现只是说明自己在这个方面需要进一步努力，下次就会成功。

第三，从失败原因上，悲观的人倾向于将失败解释为个人原因，认为自己要对失败完全负责；而乐观的人则认为失败虽然有个人原因，但也不完全是，有时一些无法抗拒的力量和机遇也影响着成败。

赛利格曼的理论向我们提示，只要改变对失败的看法，就会使悲观者有信心去重新面对现实，树立学习、生活的目标。

悲观是一种严重的负面情绪，对人身心的危害极大。要摆脱悲观情绪，需要个人积极地进行心理调适，具体有以下几种方法：

1. 别盯住消极面

你可能对别人的"抢白"和不公正的待遇牢记于心，或你总是对自己说："我真倒霉，总被人家误会、欺负。"那么，你当然没有一刻的轻松愉快。

如果你把注意力盯在与别人友善和好的事物上，并常常告诉自己，误解、敌视毕竟是次要的，并把愉快、向上的事串联起来，由一件想到另一件，你就可以逐步排遣自怨自艾或怨天尤人的情绪。

2. 寻找积极因素

即使处境危险，也要寻找积极因素，这样，你就不会放弃取得微小胜利的努力。你越乐观，克服困难的勇气就越大。

3. 做自己的"造命人"

偶有不如意时，切勿对自己说："我时时都是倒霉的。"而对自己说："似乎很多时候我做事都不大如意，到底原因何在？"当你立志改变灰色的人生观，树立光明的人生观时，你便不会再由"命运"操纵了，因为你自己已成了一个"造命人"。

4. 要有幽默感

以幽默的态度来接受现实中的失败。有幽默感的人，才能排除随之而来的倒霉念头轻松地克服厄运。

不论因何事产生的悲观情绪都能通过上述方法渐渐消除，只要我们对自己抱有坚定自信的信念。有的时候，打倒我们的不是苛刻的外部环境，而是我们的内心，当内心充满阳光时，悲观情绪就不会来打扰我们。

焦虑随时随处可以产生

在如今这个快节奏的社会里，升学就业、职位升降、事业发展、恋爱婚姻、名誉地位，种种事情使人们承受着巨大的心理压力，由此产生焦虑情绪，心神不宁，焦躁不安，严重影响人们的工作和生活。

发生焦虑的原因有时候匪夷所思、出人意料。

1. 守规焦虑

遵纪守法、照章办事，理所当然，又有什么好焦虑的呢？但是在某些"老实人吃亏"的场合，守规焦虑就在所难免。

我们不妨先看两个例子：一是"人行道焦虑"——过马路走人行道，应该是无忧无虑的吧？但当很多人都不走人行道，一窝蜂跨栏杆而过时，你甘心多绕些路去走人行道吗？当奔驰的车辆对人行道上的行人并不礼让，朝你直冲过来时，你敢走人行道吗？二是"排队焦虑"——当你老老实实地排着长队，等着购物、购票、分房子、评职称时，有人却在前面夹塞、在后门另排小队，也许你等上大半天甚至大半辈子都在候补之列，等轮到你的时候什么都没有了，你心里面紧张不紧张？

2. 付账焦虑

当几个熟人一起坐车、聚餐时，大家抢着购票、付账是司空见惯的事。但是，这种争先恐后只是表面现象而已，有些场合是出于真情实意，心甘情愿地要为他人付账；有些场合则多少有点虚情假意，只是不得不做做样子。虽说 AA 制现在在青年中已流行开来，但一般人还是不习惯这种"分得太清"的方式。觉得既然是"熟人"，就不能太"生分"，为了表示热情主动、不分彼此，就该抢先付账，否则显得不够交情，甚至有爱占别人便宜之嫌。但如果"抢付"成功，内心又不免有点担忧：这份人情，别人会及时还吗？因此，抢付时不免"进亦忧，退亦忧"，心里面紧张一番。

3. 催账焦虑

如果请你想象一下催账人、讨债人的形象，在你的脑海中绝不会浮现出一个和蔼可亲的面目，而极有可能联想到《白毛女》一类的电影中地主逼租的镜头。其实，向人讨账并非"黄世仁""南霸天"的专利，你自己在日常生活中恐怕也难免遇到需要向人催账的情况，但是"催账焦虑"也许最终使你没能开口。

4. 点钱焦虑

有些人一碰到钱，就显得马虎大意，从别人手中接钱时（如领工资、取买东西找回的余款），尤其是从熟人、好友手中接钱时往往看都不看，一把塞在口袋里。待回家查点对不上数，便只好自认倒霉或者闹出不小的矛盾。其实，在这种"马虎"的背后，有一种"点钱焦虑"在作怪：不点心里不放心，点又显得太多心。当面一五一十地核点，似乎太不信任对方，两人都不免有点难堪，朋友之间说不定还会因此影响交情；不当面点清，一旦有差错，事后再查就说不清、道不明了。点和不点都不好，自然免不了一番焦虑。

5. 诚信焦虑

中国民间流传的告诫人们如何为人处世的人生格言非常多，但其中又有不少相互矛盾的说法。例如，一方面提倡"以诚待人""以心换心"，另一方面又鼓吹"防人之心不可无""逢人只说三分话，未可全抛一片心"。如果人们同时接受了这两种截然相反的格言，在实际生活中就难免产生"诚信焦虑"——不信任别人，不以诚相待，就会感到一种道德压力；反之，又担心被人利用。

形形色色的焦虑充斥人们的生活，不胜枚举。它们像病菌一样侵蚀人们的灵魂和肌体，妨碍人们的正常生活，影响人们的身心健康。所以，走向美好的生活，应该从拒绝焦虑的情绪开始。

自卑情绪生成的因素

自卑，顾名思义，就是自己瞧不起自己，它是一种消极的情绪。自卑属于性格的一种缺陷，表现为对自己的能力和品质评价过低。自卑的原因包罗万象，比如家庭出身、社会地位、财富、名誉、相貌等。

自卑是一种可怕的消极情绪。其实，自卑心理人人都有，只是程度不同罢了。经常遭受失败和挫折，是产生自卑心理的根本原因。一个人经常遭到失败和挫折，其自信心就会日益减弱，自卑感就会日益严重。自卑的产生会抹杀掉一个人的自信心，本来有足够的能力去完成学业或工作任务，却因怀疑自己而失败。由于自卑的情绪影响到了生活和工作，给人的心理、生活带来的很大的不良影响。

十几年前，他从一个北方小城考进了北京的大学。上学的第一天，与他邻桌的女同学第一句话就问他："你从哪里来？"而这个问题正是他最忌讳的，因为在他的逻辑里，出生于小城，就意味着小家子气，没见过世面，肯定被那些来自大城市的同学瞧不起。就因为这个女同学的问话，使他一个学期都不敢和同班的女同学说话，以致一个学期结束的时候，很多同班的女同学都不认识他！

很长一段时间，自卑的阴影都占据着他的心灵。最明显的体现就是每次照相，他都要戴上一个大墨镜，以掩饰自己的内心。

20年前，她也在北京的一所大学里上学。大部分日子，她也都在疑心、自卑中度过。她疑心同学们会在暗地里嘲笑她，嫌她肥胖的样子太难看。她不敢穿裙子，不敢上体育课。大学时期结束的时候，她差点儿毕不了业，不是因为功课太差，而是因为她不敢参加体育长跑测试！老师说：只要你跑了，不管多慢，都算你及格。可她就是不跑。她想跟老师解释，她不是在抗拒，而是因为恐慌，恐惧自己肥胖的身体跑起步来一定非常的愚笨，一定会遭到同学们的嘲笑。可是，她连向老师解释的勇气也没有，茫然不知所措，只能傻乎乎地跟着老师走。老师回家做饭去了，她也跟着。最后老师烦了，勉强算她及格。

在最近播出的一个电视晚会上，她对他说："要是那时候我们是同学，可能是永远不会说话的两个人。你会认为，人家是北京城里的姑娘，怎么会瞧得起我呢？而我则会想，人家长得那么帅，怎么会瞧得上我呢？"他，现在是中央电视台著名节目主持人，经常对着全国几亿电视观众侃侃而谈，他主持节目给人印象最深的特点就是从容自信。他的名字叫白岩松。她，现在也是中央电视台著名节目主持人，而且是第一个完全依靠才气而走上中央电视台主持人岗位的。她的名字叫张越。

自卑的情绪谁都会有，并不可怕，可怕的是被自卑所操纵，迷失了自我。一个人如果太看重别人的评价，因为自己的一点缺陷就自卑，势必会影响他的正常生活。严重自卑的人，并不一定是其本身具有某些缺陷或短处，而是不能接纳自己，自惭形秽，妄自菲薄，常把自己放在一个低人一等，别人看不起自己的位置上，并由此陷入不能自拔的痛苦境地，心灵笼罩着永不消散的愁云。其实，每个人身上都有闪光点，不管这个闪光点是多么微不足道，但它毕竟是个优点，是别人没有的优点。

有一次，一名士兵奉命将一封信送往自己景仰的统帅——拿破仑的手中，由于过于兴奋，拼命地策马前行，胯下的坐骑一到目的地就累死了。拿破仑读了信后，立即复信，命人牵过自己的战马，吩咐那名士兵骑马回营。"不，尊敬的将军，"那名士兵看到统帅那匹心爱的骏马，恳切地说，"我只是一个普通的士兵，没有资格骑这匹高贵的马。"拿破仑不假思索地答道："世上没有一样东西是法兰西战士不配享有的！"士兵一下子想明白了，立即上马，绝尘而去。

正如那个士兵一样，很多人都把自己想得太卑微，这使得他们往往无法实现自己的目标。在优秀人士身上，我们看不到自卑的影子。每个人都有自己独特的价值，有什么理由自卑呢？

那么怎么样才是自卑呢？自卑主要表现在3个方面：

1. 胆怯封闭

一些人由于深感自己不如别人，在与人交往或者从事某项事业中必败无疑，于是把自己封闭起来。但是他们越是封闭自己，越是对自己没有自信，从而造成不良循环。

2. 自尊过强

即人们常说的过分的自卑以过分的自尊表现出来，尤其当屈从的方式不能减轻其自卑之苦时，就采用好斗的方式。有自卑感的人，他们比任何人更在意被别人发现其内心的真实想法，因此当他认为别人可能会发现时，便采用这种好斗的方式阻止别人的了解。

3. 跟随大溜

丧失信心之人，常对自己的决定缺乏自信，便随大溜以求与他人保持一致。自卑者在做某件事之前就想：别人是不是有这样的看法？我这样做会让人笑话吗？会不会被认为是出风头？在做了事之后，又想：不知会不会得罪人？如果刚才不那样做就会更好，等等。

总之，自卑情绪能给人们带来精神上的折磨，一个自卑感非常强烈的人，他的生活也会非常痛苦。想要走出自卑，就要树立自信，这样我们才会得到真正的快乐，那么是选择自卑的痛苦，还是生活的快乐，结果不言而喻。

为何负罪感久久不能散去

负罪感的产生主要是源于自我的严格要求，对自己创造的全部价值进行否定，并由此产生强烈的愧疚感。具有负罪感的人通常这样评价自己："我当时绝对不应该那样做，现在这样全都怪我。"或者"我当初绝对应该那样做，但我却没有那样做，我应该承担所有责任，我应该被处罚。"

小刚和丽丽是一对恋人，他们大学毕业后在一个城市工作，准备第二年结婚。有一天小刚因为工作上与领导发生摩擦，心里很不舒服，于是在酒吧喝得酩酊大醉，温柔的丽丽送他回宿舍后又上街去买醒酒药，结果被一辆飞驰而过的汽车撞倒，23 岁的女孩就此香消玉殒。

小刚在医院号啕大哭，泪流满面，最后不得不接受了这个残酷的现实——他的未婚妻真的已经不在了。

在所有人都认为这场悲剧的阴影已经在慢慢消散的时候，小刚的不良情绪却渐渐严重起来，他食欲不振、严重失眠、浑身乏力、不愿和别人来往，整天沉默寡言，对曾经非常喜爱的篮球也失去了兴趣。每当看到他和丽丽曾经合影的照片，路过曾经常约会的地方或是听到丽丽喜欢的歌曲时，他都会感到强烈的悲哀和痛苦。小刚失去恋人的痛苦已经发展成情绪过度低落和精神失常。

在朋友的劝说下，小刚咨询了心理专家，原来他一直生活在悔恨中无法自拔。那天本来俩人约好去选婚戒的，谁知下午开会时因为跟领导意见不合发生了小摩擦，所以把买婚戒的事给忘了，然后就去了酒吧，待他酒醒之后，悲剧已经发生。他很爱自己的未婚妻，因此无比自责，"如果我不去酒吧，我不喝醉，她就不会为我买药，也就不会发生车祸了。"

小刚如此伤心难过，沉浸在深深的自责中不能自拔。他无法摆脱对未婚妻死亡的负罪感。过分自我谴责的人，习惯把一切过错归于自己，即使一点小事，也是反复检讨，更不要说造成严重后果的事件，例子中的小刚就是这样，他不仅认定自己做过错事和犯过错误，而且也认定自己是个有罪的人。那些错误很可能已经抹杀了他个人的优秀品质，于是他一直懊悔不已。

这种因愧疚而自我怨恨的情绪，一般会产生两种情况：因愧疚产生痛苦，故而逃避；或是因自责获得了他人的谅解和同情，于是自责成为自己犯错的救世法宝。这两种情况下，当事人自身的愧疚和自我怨恨其实收到了相反的效果。如果一个人认定错误应该被"谴责"，那么他不仅会这样要求自己，更重要的是他也会这样要求别人，并会因其他人做了错事而对其耿耿于怀。当自己犯了错，他会认定不只是犯错那么简单，这会成为他道德上的污点，认为这绝对不能被允许。一旦产生这种心理，他会找各种理由为自己开脱，拒绝承认错误，或是从一开始就否认自己做过错事。结果，他连认错和改正的机会都全部抛弃。

这样的自责和罪恶感，非但不会消除错误行为造成的后果，而且可能会带来更多的错误和逃避个人责任的行为。

不仅如此，当一个人将全部的注意力都用来谴责和惩罚自己的时候，恰恰将最重要的一点遗忘了，那就是及时补救、总结经验、吸取教训。错误唯一能带给人们的正面意义就是从中总结的经验。为做错事而沮丧和悲伤的时候，不如从失败和过错中找出经验和教训，挽回损失，防微杜渐。

罪恶感会彻底摧毁我们，容易引发诸如焦虑、沮丧、自卑和愤怒等多种情绪，当这些情绪一并向我们袭来时，人一般都难以承受，不仅如此，罪恶感还可能促使人们消极地逃避现实和推卸责任。所以，有些罪恶感应该及时抛开，让我们勇敢地面对生活、面对未来。

我们因什么而困惑

每个人都渴望成功，渴望实现自我价值，但这条路并不是一帆风顺的，即使目标清晰明确，迷茫也会经常造访，此时就如同处在茫茫迷雾中，周围的一切事物，可能都会引起情绪上的波动。如果是正面积极的刺激，可能会对我们的成功有所帮助，但是由于太渴望成功，一点点挫折与打击都会被我们放大，甚至周围人一句略带怀疑的话，都会让我们困惑而沮丧，情绪低迷导致行动停滞。

面对这种情况，我们应该如何应对？心理学家针对性地提出了以下几个问题帮助迷茫的人们寻找到方向。

首先，试着问自己究竟是谁。这是一个深刻的哲学问题，看似简单，实则蕴含着深厚的含义。"人啊，认识你自己"，这句话出现在希腊著名神庙门柱上，绝不是偶然，因为能够认识自己的人实在太少。

认识自己，深刻地剖析自己的内心，是一个极其痛苦的过程。每个人都不完美，都有各种各样的缺陷。有的为人所知，但是有的甚至连自己都不知道。很多人并不了解认识自己的重要性，但却隐隐觉得，很多时候言行举止皆身不由己，是被一种无形的力量推动着生活、工作，每天忙忙碌碌，东奔西走，并无暇内省。但是，一旦遭遇价值观的冲突，情绪很容易就达到一个高点，甚至会冲过我们能承受的警戒线以上。在没有任何逃避或缓冲的赤裸裸的狭路相逢时，人们就不得不面对自己的真相，这是一种相当被动的局面，如果我们没有足够的抵抗力，非常容易走上情绪极端。但是，如果我们在各种问题到来之前，就对自己有一个清醒的认识，并对自己的情绪有一个全面的定位，那也就相当于提高了自己的警戒线，也就不存在任何危险情况了。

其次，问问自己在哪里。这个问题是对自己的空间定位，既有生存空间的坐标，也包括生命空间的坐标。生存空间的坐标很简单，即人们所处的空间位置，可以用一连串复杂的地理名称来表示，如某大洲某国家某省某市某门牌号，也可以用经度和纬度来做一个精确的注解。

生命空间是由心理活动构成的，其坐标的范围远远超出生存空间，是一个由人的思维建立起来的无限延展的广阔世界。比如，虽然有的人身处狭小的角落，但思想却飞跃五洲大洋。他们通过书籍、电视、网络认识外面的世界，拓展了思维的广度；他们通过回忆过去和畅想未来，增加了思维的深度。

对人而言，生命空间远比生存空间重要，生命空间是人们给自己的定位，认清自己当下处于何种地位，这至关重要。如果找不到自己的定位，或者根本否定了自己的定位，那么，困惑和迷茫的情绪必然会迎上心头。

再次，询问自己将要去哪里。自己要去哪里，这实际上就是人们的目标，这个问题在心理学上又叫"自我实现"。"自我实现"的标准很复杂，从没有两个人的目标是相同的。这里说的"自我实现"是指每个人在内心给自己设定的，并不一定与外界的荣誉、奖项挂钩。耀眼的荣誉和他人的艳羡不能给情绪营造一种稳定状态，并可能还会扰乱原本的秩序。这或许能解释，为什么有的人在获得世人眼中的"成功"后却会情绪崩溃，甚至选择极端的自杀方式结束生命，也许是因为他们原本的稳定的情绪状态被破坏了，再也找不到曾经清晰而又明确的目标，或者可能他们从来没有给自己设定过真正适合自己的目标。

迷茫的时候，不妨问问自己是谁，在哪里，将要去哪里，弄清楚这三个问题后，身边的很多事就不会再让我们的情绪泛起波澜，因为自己本身就是一潭又深又广的湖水，散发着沉静的魅力，迷茫自不会登门造访。

为什么内心无法宁静

很多时候，我们的内心都为外物所遮蔽、掩饰，浮躁的情绪占领了我们的整颗心，因此在人生中留下许多遗憾：在学业上，由于我们还不会倾听内心的声音，所以盲目地选择了他人为我们选定的、他们认为最有潜力和前景的专业；在事业上，我们不去倾听内心的声音，在一哄而起的热潮中，我们去选择那些最为众人看好的热门职业；在爱情上，我们常因外界的影响扭曲了内心的声音，因经济、地位等非爱情因素而错误地选择了爱情对象……我们的情绪过多地接受了外界环境的影响，但是，我们唯一忽视的，便是去听一听自己内心的声音。

快节奏的生活、工作的压力容易使人心态失衡，如果患得患失，不能以平和的心态去面对无穷无尽的诱惑，就会感到心力交瘁或迷惘躁动，产生许多负面的情绪。

一位老师问他的学生："你心目中的美好人生是什么？"学生列出"清单"一张：健康、才能、美丽、爱情、名誉、财富……谁料老师不以为然地说："你忽略了最重要的一项——心灵的宁静，没有它，上述种种都会给你带来极大的痛苦！"

宁静的心灵即是情绪不易受外界影响，拥有一颗宁静心灵的人不追逐权势显赫，不奢望金银成堆，不祈求声名鹊起，不羡慕美宅华第。因为所有的追逐、奢望、祈求和羡慕，都是一厢情愿，只能加重生命的负担，加速心灵的浮躁，而与豁达康乐无缘。

老街上有一位老铁匠。由于早已没人需要打制铁器，现在他改卖铁锅、斧头和拴小狗的链子。

他的经营方式非常古老和传统。人坐在门内，货物摆在门外，不吆喝，不还价，晚上也不收摊。你无论什么时候从这儿经过，都会看到他在竹椅上躺着，手里是一个半导体，身旁是一把紫砂壶。

他的生意不好不坏。每天的收入正好够他喝茶和吃饭。他老了，已不再需要多余的东西，因此他非常满足。

一天，一个文物商从老街经过，偶然看到老铁匠身旁的那把紫砂壶。因为那把壶古朴雅致，紫黑如墨，有清代制壶名家戴振公的风格，他走过去，顺手端起那把壶。

壶嘴内有一记印章，果然是戴振公的。商人惊喜不已。因为戴振公在世界上有捏泥成金的美名，据说他的作品现在仅存3件，一件在美国纽约州立博物馆；一件在中国台湾"故宫博物院"；还有一件在国外某位华侨手里，是1993年在伦敦拍卖市场上以16万美元的高价买下的。

商人端着那把壶，想以10万元的价格买下它。当他说出这个数字时，老铁匠先是一惊，后又拒绝了，因为这把壶是他爷爷留下的，他们祖孙三代打铁时都喝这把壶里的水，他们的汗也都来自这把壶。

壶虽没卖，但商人走后，老铁匠有生以来第一次失眠了。这把壶他用了近60年，并且一直以为是把普普通通的壶，现在竟有人要以10万元的价格买下它，他想不明白。

过去，他躺在椅子上喝水，都是闭着眼睛把壶放在小桌上，现在他常常坐起来看那把水壶，这让他非常不舒服。特别让他不能容忍的是，当人们知道他有一把价值连城的茶壶后，蜂拥而至，有的问还有没有其他的宝贝，有的开始向他借钱，更有甚者，晚上敲他的门。他的生活被彻底打乱了，他不知该怎样处置这把壶。

当那位商人带着20万元现金，第二次登门的时候，老铁匠再也坐不住了。他招来左右店铺的人和前后邻居，拿起一把斧头，当众把那把紫砂壶砸了个粉碎。

现在，老铁匠还在卖铁锅、斧头和拴小狗的链子，据说他已经102岁了。

宁静可以沉淀出生活中许多纷杂的浮躁，过滤出浅薄粗俗等人性中的杂质，可以避免许多鲁莽、无聊、荒谬的事情发生。宁静是一种气质、一种修养、一种境界、一种有内涵的悠远。安之若素、沉默从容，往往比气急败坏、声嘶力竭更显涵养和理智。

快节奏的生活，无节制的环境污染和破坏等，都让人难以平静。环境的搅拌机随时都可能把人们心中的平静搅个粉碎，让人遭受浮躁、烦恼之苦。然而，生命的本身是宁静的，只要内心不为外物所惑，不为负面情绪所扰，就能做到像陶渊明那样身在闹市而无车马之喧，正所谓"心远地自偏"。

不受负面情绪困扰，拥有一颗平静之心，追求平静者便能心胸开阔，不被外物诱惑，坦荡自然。

抑郁对情绪的影响

抑郁是比忧虑更深一层次的情绪状态，被人们称为"心灵流感"。作为现代社会的一种普遍情绪，抑郁并没有引起人们足够的重视，然而较长时间的抑郁会让人悲观失望、心智丧失、精力衰竭、行动缓慢。

对于抑郁的人，所有的怜悯都不能穿透他把自己和世人隔开的那面墙壁。在这封闭的墙内，不仅拒绝别人哪怕是极微小的帮助，而且还用各种方式来惩罚自己。在抑郁这座牢狱里，其中的人同时扮演了双重角色：受难的囚犯和残酷的罪人。正是这种特殊的心理屏障——"隔离"，把抑郁感和通常的不愉快感区别开来。

心境低落是抑郁情绪的主要表现。抑郁情绪属于心理学的范畴，却不单纯表现为心理问题，还可能诱发一些躯体上的相关症状，比如口干、便秘、恶心、憋气、出汗、性欲减退等，女性患者可能会出现闭经等症状。

抑郁情绪症的具体症状有以下表现：

（1）常常不由自主地感到空虚，为一些小事感到苦闷、愁眉不展；

（2）觉得生活没有价值和意义，对周围的一切都失去兴趣，整天无精打采；

（3）非常懒散，不修边幅，随遇而安，不思进取；

（4）长时间的失眠，尤其以早醒为特征，醒后难以再次入睡；

（5）经常惴惴不安，莫名其妙地感到心慌；

（6）思维反应变得迟钝，遇事难以决断，行动也变得迟缓；

（7）敏感而多疑，总是怀疑自己有大病，虽然不断进行各种检查，但仍难消除其疑虑；

（8）经常感到头痛，记忆力下降，总是感觉自己什么也记不住，脾气古怪，常常因为他人一句不经意的话而生气，感觉周围的人都在和他作对；

（9）总是感到自卑，对自己所做的错事耿耿于怀，经常内疚自责，对未来没有自信；

（10）食欲不振，或者暴饮暴食，经常出现恶心、腹胀、腹泻或胃痛等状况，但是检查时又没有明显的症状；

（11）经常感到疲劳，精力不足，做事力不从心；

（12）变得冷酷无情，不愿意和他人交往，酷爱生活在一个人的空间，甚至自己的父母都难以与其进行交流，害怕他人会伤害自己；

（13）对性生活失去兴趣，甚至会厌恶，觉得很恶心；

（14）常常有自杀的念头，认为自杀是一种解脱。

抑郁者的人生态度通常很消极。正由于抑郁使人丧失了自尊与自信，总是自我责备、自我贬低，无论是环境还是自我，都不能积极对待；对环境压力总是被动地接受而不能积极地控制，更谈不上改造；对自我也总感到难以主宰而随波逐流。于是在人生征程上没有理想与期待，只有失望与沮丧。总感到茫然无助，陷入深重的失落感而难以自拔，对一切都难以适应，只能退缩回避。

作为美国第十六任总统，林肯也经历过抑郁情绪的困扰："现在我成了世上最可怜的人。如果我个人的感受能平均分配到世界上每个家庭中，那么，这个世上将不再会有一张笑脸。我不知道自己能否好起来，我现在这样真是很无奈。对我来说，或者死去，或者好起来，别无他路。"

我们周围常常有这类人，当生活环境发生重大变化而呈现出巨大反差时，当人生之旅中出现一些变故、遇到一些挫折时，或者仅仅由于环境不如意，便精神不振、心神不定，百无聊赖而焦躁不安，不思茶饭更无心工作，甚至对生活失去信心，整个人跌入消极颓丧中。抑郁是禁锢人心灵的枷锁，困扰着人们，使人不能在现实的世界中调整自我，只能渐渐退缩到自我的小天地里。

为了使我们的生活永远充满阳光，为了使我们有一个健康向上的心理，人们曾费尽心思地寻找克服抑郁的药方。通过研究，克服抑郁的有效办法有：从事可振奋情绪的活动，观看让人振奋的运动比赛，看喜剧电影，阅读让人精神振奋的书。不过值得注意的是：有些活动本身就会让人沮丧，比如，研究发现，长时间看电视通常会使人陷入心情低潮状态。

科学家发现，有氧舞蹈是摆脱轻微抑郁或其他负面情绪的最佳方式之一。不过这也要看对象，效果最好的是平常不太运动的人。至于每天运动的人，效果最好的时期大概是他们刚开始养成运动习惯的时期。

善待自己或享受生活也是常见的抗抑郁药方，具体的方法包括泡热水澡、吃美食、听音乐等。送礼物给自己是女性常用的方式，大量采购或只是逛逛街也是一种抗抑郁的方式。经研究发现，女性利用吃东西治疗悲伤的比率是男性的 3 倍，男性诉诸酒精的比率则是女性的 5 倍。

另一个提升心情的良方是助人。抑郁的人萎靡不振的主要原因是不断想到自己某些不愉快的事，设身处地同情别人的痛苦自可达到转移注意力的目的。经研究发现，担任义工是很好的方法。然而，这也是最少被采用的方法。

　　抑郁就好像透过一张网看外面的世界，无论是考虑你自己，还是考虑世界或未来，任何事物看来都处于被网线牵绊的状态。我们要摆脱抑郁情绪的困扰，让健康的心态永远伴随着我们，才能不受心灵流感的侵袭。

第三章

情绪的惊人力量

情绪决定生活质量

情绪是人类天性的重要组成部分，没有情绪，我们都会成为"植物人"。然而，情绪却是人类历史上最容易被忽视、研究最少的题目之一。在 20 世纪 90 年代以前，你几乎无法在书店里找到一本关于情绪的书。此后，科学家才开始对这个题目感兴趣。1995 年，随着美国人丹尼尔·格尔曼《情感智商》一书的出版，人们开始广泛关注情绪。情绪之所以重要，在于它能够决定我们的生活质量，这一点可以从以下几个方面得到印证。

1. 情绪影响你的幸福感

幸福的感觉通常是受情绪影响的，这是因为人的一切行为的改变都必须从自己的感受开始改变。请看：

外界刺激→想法→感觉（情绪）→行为→结果（幸福或不幸）

上面这个推论是什么意思呢？让我们举例说明一下，假设一个人失恋（外界刺激）后，他认为这是不好的事情，他觉得自己被抛弃了，从此将生活在黑暗之中，再也没有希望了（想法）。他感觉到沮丧（情绪），他把自己关在房间里，趴在床上哭，不和任何人讲话（行为）。久而久之，他变得内向、孤僻，不敢和异性接触（不幸）。不同的情绪状态会产生不同的行为，你自信时的行为会与自卑时的行为不同，在心情平静时的行为会和冲动时的行为不同，在沮丧时的行为会和兴奋时的行为不同，在大多数情况下，不同的行为会导致不同的结果。

我们都曾有过万事如意的时光，有时清晨起来就觉得神清气爽、精神饱满，对一切都充满热情，平日里棘手的工作也觉得得心应手，你微笑地面对周围的人，热情地投入生活，总之，你觉得一切都是那么美好。但是我们也有过完全相反的经历，有时会莫名其妙地感到情绪低落，被巨大的忧虑所包围，你无精打采，面对一大堆待办的事，却怎么也提不起精神，什么也不想做。平时做起来易如反掌的事，此时却感到举步维艰，有时竟然会突然叫不出一位熟悉的朋友的名字，或者突然忘了一个字怎么写，觉得整个生活都是灰色的。有时，自己自信、坚强、果断、快乐、兴奋、有激情；有时，自己却忧虑、沮丧、恐惧、悲伤。

之所以会出现这些差别，原因就在于我们处于不同的情绪状态。所有生活幸福的人，并不是因为他们比较幸运，而是由于他们都能够很好地控制自己的情绪，使情绪时常处于最佳状态。因此，从现在起，你要了解这两种情绪，并学会调整它们。

2. 积极情绪有利于你的健康

现代科学研究证明：情绪可以通过大脑而影响心理活动和全身的生理活动，从而影响我们的健康。积极的情绪能提高大脑皮层的张力，通过神经生理机制，保持人体内外环境的平衡与协调，消极情绪则严重干扰心理活动的稳定，致使我们的体液调节紊乱，免疫功能也随之下降。

积极情绪是身心活动和谐的象征，是心理健康的重要标志。一项心理学研究发现，对自我前途和未来持冷淡态度是身体健康不良的预兆。有一位外国流行病学专家断言，长期持有这种绝望意识的人，其死亡率高于心脏病、癌症和其他病因造成的平均死亡率。这说明，乐观态度对于健康大有裨益。

积极情绪能使人的大脑处于最佳活动状态，能充分发挥有机体的潜能，提高活动效率，使人精力充沛，食欲旺盛，睡眠安稳，充满生机与活力，从而增强对疾病的抵抗能力。英国著名科学家法拉第，年轻时由于工作紧张，造成神经失调，身体虚弱。后来他不得不去看医生，而医生却没开药，只说了一句话："一个小丑进城，胜过一打医生。"法拉第仔细琢磨，悟出真谛。从此他经常抽空去看戏剧、马戏和滑稽戏，不久健康状况大有好转。

因此，要想保证身体健康，我们必须要学会控制不良情绪。

3. 负面情绪容易导致疾病的发生

负面情绪是引起身心疾病的重要原因。它一旦产生，一方面会引起整个心理活动失去平衡；另一方面则导致生理方面的一系列变化，如脸色苍白、心跳加速等。早在两千多年前，我国古人就有"怒伤肝""思伤脾""忧伤肺""恐伤肾"等说法。古往今来，因情绪过激而致死的故事也不少，英国著名生理学家亨特，天生脾气急躁，他生前常说："我的命迟早要葬送在一个惹我真正动怒的坏蛋手上。"结果，在一次会议上，"坏蛋"出现了，他盛怒之下，心脏病猝发，当场身亡。

人在负面情绪的笼罩下，意识会变得狭窄，判断力、理解力会降低，甚至会失去理智和自制力，造成正常行为瓦解，人际关系失调，目标混乱，免疫力下降，从而导致疾病的发生。

美国的自我管理专家杰克迪希·帕瑞克总结出了一些负面情绪可能引发的疾病，请看下表：

负面情绪	可能引发的疾病
愤怒、怨恨	皮疹、脓肿、过敏、心脏病、关节炎
困惑、沮丧、气恼	感冒、肺炎、呼吸道不畅、眼鼻喉不适、哮喘
焦虑、烦躁	高血压、偏头痛、溃疡、听力障碍、近视、心脏病
愤世嫉俗、悲观、厌恶、恐惧、愧疚	低血压、贫血、肾病、癌症

情绪影响着一个人的幸福感，也影响着一个人的健康。遇到不顺心的事，可以用积极的情绪自救，积极乐观地看待事情。一个会控制自己情绪的人即使面对困境，也依然会获得幸福，摆脱各种疾病的困

扰，从而保证身心健康。

情绪对认知和行为的影响

人们经常爱拿这样一个实验展现情绪的力量：水平差不多的两班同学在即将参加一个大型竞赛时，老师对其中一个班的同学大加赞赏，认为其一定能在竞赛中取得好成绩，这个班的同学在得到鼓励和认可之后就非常高兴；而老师则对另一班的同学表现出比较担忧的样子，老师的否定让班里的同学垂头丧气。最后的竞赛结果也可想而知：得到鼓励和赞赏的班级取得了非常好的成绩，而被否定的班级成绩则是一塌糊涂。

情绪具有一种神奇的力量，这种力量可以影响甚至左右一个人的认知行为。比如在你情绪好、心情愉快的时候，你的办事效率就会高，做事情就比较顺利；但是在你情绪低沉、心情抑郁的时候，你会觉得思路阻塞，任何事情都开展迟缓。

情绪就像是我们精神的感知棒，它时时影响甚至左右人的认知行为。我们每做一件事、每说一句话，都受到一定的心理状态和心理活动的影响和制约，尽管有时候我们觉察不到。具体来说，情绪在以下3个方面影响并左右着人的认知行为：

1. 心理动机方面

情绪与心理动机存在各种联系。有研究表明，良好的情绪能增强人的心理动机，因为此时的个人，不仅行为效率提高，而且相信自己可以把事情圆满完成，这种状态能激励人的行为。反之，情绪受到压抑，行为效率受到阻碍，心理动机也因此减弱。因而，为了促进良好心理动机的实现，保持较佳的情绪也显得非常重要。

2. 智力活动方面

情绪直接影响着个人的记忆和思维活动。心理学家丹尼尔·戈尔曼指出，情绪影响智力水平和思维活动的发挥，这是每个老师都知道的。学生在焦虑、愤怒、沮丧的情况下，根本无法学习。事实上，任何人在这种情况下都难以有效地从事正常的工作和学习。

3. 人际交流方面

情绪是人际交流的重要手段。人们通过自己的面部表情、身体动作以及语言声调等表达自己的看法或者观点，如高兴时笑，痛苦时哭，发怒时横眉立目、握紧拳头等等。在所有情绪表达中，微笑是最有利于人际交流的一种情绪表达，它能拉近沟通者之间的距离，增加亲和力，促进沟通的顺利开展。

情绪对人们的心理动机、智力活动以及人际交流产生这么重要的影响，那么面对情绪变化，我们应该培养自我的心理调节能力，这种心理调节能力是一种理性的自我完善，在实际行为上主要体现为强烈的意志力和忍耐力。它使人以平和的心态来面对人生的起起落落，保持与他人交往时的淡定从容，也能促使自己的身心配合默契，做什么事情都得心应手。

当然，在生活中的每个人都具有不同的能力，或富有自信、勇气、冷静、理性，或富有决心、创造力、幽默感等，实际上，这些能力都是个人内心的一种感觉。当人们没有这些良好感觉的时候，即使具备知识、技能等资源，也不能很好地运用它们，或者根本不去运用它们。

因此，在面对情绪影响甚至左右个人认知行为时，学会控制和左右自己的情绪是个人成功的要诀。那些情绪健康的人，往往神采飞扬、激情澎湃，他们肯冒险、爱创新，善于把握生命中出现的每个机遇，从而让人生处于一种最佳的竞技状态。反之，情绪低迷的人，竞技状态比较差，也更容易遭到失败。

世上有许多事情的确是难以预料的，情绪的波动在所难免。但是，不管我们面对怎样的境遇，都要调节好自己的情绪，既不要自暴自弃，也不可盛气凌人，以宽容豁达之心来面对这个世界，不要让情绪成为成功路上的绊脚石。

好心情对健康的积极效用

让自己保持愉快的心情是保持人体内分泌平衡的最佳方法。健康的情绪，比如平和镇定、乐天知命、勇敢坚定以及愉悦，都会刺激脑下垂体分泌激素以达到最佳激素平衡。这种平衡所产生的效力可能比世界上的任何药物都更加理想。

在1934年抗菌剂发明以前，曾经有位男人出现了肾脏感染。当时这还是一种很严重的病症。他脾气暴躁，时常有不满情绪。他的病情越来越严重，而那些不良情绪刺激了他体内肾上腺皮质激素的分泌。

不久，这位患者遇到了一位巫医。这位巫医让他的情绪变得愉悦起来，让他对生活充满了热情、希望和信心。后来，内分泌平衡在这个男人体内形成了最佳保护，体内的自我免疫系统是那个时代唯一的治疗手段。于是，他逐渐痊愈了。

其实，身体本身就能够治疗疾病。保持正面的情绪，给身体以正面的刺激，可有益于健康。

不论通过何种形式，只要情绪得以改善，就会有同样良好的效果，比如，进行一次浪漫的恋爱。

有一个身患绝症的人，死神已经向他招手了，他几乎可以听见黄泉路上的潺潺流水声了。但他不想死，真的不想死。

忽然，有一天，他在医院门口看见了讣告。过去，他从未留意过医院门口的讣告。而这一次，讣告磁石般地将他吸引了。于是，他每天都到医院门口看讣告，看谁又被贴出来了。一个又一个名字。有些是他很熟悉的：熟悉他们的音容笑貌，熟悉他们的家庭子女。于是，他开始一笔一画地抄写讣告。日积月累，他抄写了厚厚的一个本子。有这么多人，在前面走了，自己对死亡，还有什么可惧怕的呢！讣告上那些沉痛的词语感染着他，燃烧着他。燃烧过后，他的内心反倒平静下来了。如果有一天，自己的名字真的被加上了黑框，真的被写到讣告上了，应该是一件很平常的事情。

闲下来的时候，他开始整理那些讣告。他将每一条讣告整理成文辞精美的散文。他歌颂死者，超度死亡，心里没有一丝倦怠和杂念。

他有一个朴实的想法，写够九十九个人，然后就停笔，将第一百个位置留给自己。虽然，他不知道，有谁会把他当作第一百个逝者来写。他的心情很好，因为有九十九个人在另一个世界等着自己，还有什么可留恋的呢？

第一百个死亡的人，他希望是自己。

可是，上帝一直没有露面。

后来，有一天，他打算给自己写的那些文章编号，排查一下自己的写作数量。让他吃惊的是，他写的文章，已经超过一百篇了。也就是说，他已经与死亡擦肩而过！

第一百个逝者，不是自己！

他喜出望外，泪流满面！

医生不相信这个奇迹。医生说：如果真是这样的话，我直接给每个绝症患者开具《死亡通知书》好了，让患者与死神零距离接触！

后来，他依然心情很好，每天跑到医院门口，抄写讣告，然后，回家整理成文章。

用正面情绪赶走了死亡，让自己健康地活着，可见保持良好的情绪对我们的身心健康异常重要。生活中，我们难免会遇到困难或险境，从而产生烦恼、痛苦、忧伤、愤怒等各种各样的消极情绪。我们要采取适当的方法宣泄不良情绪，重拾一份平和、快乐的心情，保持健康的活力。

有这样一个笑话，说人生有四大悲：久旱逢甘霖，一滴；他乡遇故知，债主；洞房花烛夜，情敌；金榜题名时，重名。本来是四件让人生大喜的事情瞬间变成大悲的事情，仅仅就是因为多加了两个字，其实也是因为最根本的两个字发挥了作用——心情。心情好了，看到任何事物都感到愉快，心情不好，即使是快乐的事情，他也能品出悲苦的味道来。所以，在我们本就很忙碌的生活中，不妨开心一下，保持轻松愉快的好心情，才能开心健康地活着。

心情的颜色影响世界的颜色

生活的现实对于我们每个人来说都是一样的。但一经个人"心态"的反射以后，情绪就会折射出不同的色彩。正如太阳本一色，但是却由频率不同的七种颜色组成，当你的心态是红色，反映出的情绪就是红色；当你的心态是蓝色，反映出的情绪也就是蓝色。我们的心里承载着不同颜色的事实、环境和世界。心态改变，情绪也会随之改变，从而使得情绪的不同反应产生不同心理表现。心里装着哀愁，情绪就会低迷，眼里看到的就全是黑暗，只有抛弃已经发生的令人不痛快的事情或经历，才会迎来好心情。

有一天，詹姆斯忘记关上餐厅的后门，结果导致早上3个武装歹徒闯入室内抢劫，他们要挟詹姆斯打开保险箱。由于过度紧张，詹姆斯弄错了一个号码，造成抢匪的惊慌，开枪射击詹姆斯。幸运的是，詹姆斯很快被邻居发现了，送到医院紧急抢救，经过18个小时的外科手术以及长时间的悉心照顾，詹姆斯终于出院了，但还有块子弹碎片留在他身上……

事件发生6个月之后，詹姆斯的朋友问起抢匪闯入时他的心路历程。詹姆斯答道："当他们击中我之后，我躺在地板上，还记得我有两个选择：生或者死。我选择活下去。"

"你不害怕吗？"朋友问。詹姆斯继续说："医护人员真了不起，他们一直告诉我没事，要我放心。但是在他们将我推入紧急手术间的路上，我看到医生和护士脸上忧虑的神情，我真的被吓到了，他们的脸上好像写着：他已经是个死人了！我知道我需要采取行动。"

"当时你做了什么？"

詹姆斯说："当时有个护士用吼叫的音量问我一个问题，她问我是否会对什么东西过敏。我回答：'有。'

"这时，医生跟护士都停下来等待我的回答。我深深地吸了一口气喊道：'子弹！'等他们笑完之后，我告诉他们：'我现在选择活下去，请把我当作一个活生生的人来开刀，而不是一个活死人。'"

詹姆斯能活下来当然要归功于医生的精湛医术，但同时也归功于他令人惊异的情绪状态。我们从他身上学到，每天你都能选择享受你的生命，或是憎恨它。这是唯一一项真正属于你的权利。没有人能够控制或夺去的东西，就是你的态度。如果你能时刻保持好的心情，你强大的情绪力量会让很多困难的事情变得容易许多。

心情的颜色会影响我们看世界的颜色，也就是影响外界刺激下的情绪。如果一个人，对生活抱一种达观的态度，就不会因不如意的事情，激发负面情绪。大部分终日苦恼的人，实际上并不是遭受了多大的不幸，而是自己的情绪调控存在着某种缺陷，对生活的认识存在偏差。事实上，生活中有很多坚强的人，即使遭受不幸，也快乐依旧。充满着欢乐与战斗精神的人们，永远带着欢乐生活，无论生活充满雷霆还是阳光。

1% 的坏心情导致 100% 的失败

生活中，我们经常见到有人因情绪失控而乱发脾气，也经常看到有人因为发了脾气而把事情搞得一团糟，其中的原因不是这个人的工作能力不高，更不是这个人缺乏与人沟通的能力，而是因为这个人1%的坏心情，导致了最后100%的失败。

或许你不信这个结论，也或许你认为这么说有点夸张。其实不然，一个人的心情和一个人手头所做的事情有着很紧密的联系，心情好，手头的事情也相对完成得好，或许说是完成的质量较高，相反，心绪不稳，总是左顾右盼，胡思乱想，根本就不把心思放在工作上，这样的心态又怎么能把事情做好呢？

美国石油大王洛克菲勒就是一个能正确对待自己坏心情的阳光人士，而他的对手恰恰是因为不能控制这1%的坏心情，导致了最后的失败。

在法庭询问上，对手律师的态度明显怀有恶意，甚至有羞辱之意，可以想象，当时洛克菲勒的心情有多么糟糕，如果这个时候他也发怒，必将掉入对方设计的陷阱之中，不过洛克菲勒很聪明，他明白这个时候控制自己的情绪有多么重要，自己一定不能和对方的律师一样鲁莽，更不能让自己这种气愤的心情有所流露。

"洛克菲勒先生，我要你把某日我写给你的那封信拿出来。"对方律师很粗暴地对他说。洛克菲勒知道，这封信里面有很多关于美孚石油公司的内幕，而这个律师根本就没有资格来问这件事情，不过洛克菲勒先生并没有进行任何的反驳，只是静静地坐在自己的座位上，没有任何表示。

"洛克菲勒先生，这封信是你接收的吗？"法官开始发问。

"我想是的，法官先生。"

"那么你对那封信回复了吗？"

"我想没有。"

这时法官又拿出许多其他的信件来，当场宣读：

"洛克菲勒先生，你能确定这些信都是你接收的吗？"

"我想是的，法官。"

"那你说你有没有回复那些信件呢？"

"我想我没有，法官。"

"你为何不回复那些信，你认识我，不是吗？"对方律师开始插嘴。

"是的，当然，我想我从前是认识你的。"

至此，看到洛克菲勒丝毫不动怒，像什么事都没发生过一样。对方律师心情已经坏到极点，甚至有点开始暴跳如雷了，而洛克菲勒还是坐在那里丝毫不动，似乎眼前的事情根本就没有发生过，全庭寂静无声，除了对方律师的咆哮声。

最后对方律师因为情绪失控，在法庭上把真相说漏了嘴，最终结果可想而知，洛克菲勒不仅赢得了官司，还在美国人眼中留下了一个很优雅的形象。

这位律师因为自己的暴怒情绪，而将自己弄得方寸大乱，很多言行都被情绪控制，而不是头脑控制，这时的他就像一个掉线木偶，情绪受对手也就是洛克菲勒影响着，坏心情一点点扩大，最后输了这场官司。

生活中有太多这样的例子，由于自己不懂得控制坏情绪，最后酿成难以挽回的错误。情绪的力量可见一斑。

当然一个人也不能像一根木头一样，没有情绪，没有思想，不可能永远都不发怒，不可能永远都能心情很好地走进每天的生活。可是当你真正发怒的时候，你试想这样会发生什么样的后果？这样到底会不会损害你的利益，会不会动摇你在别人心目中的地位？如果你能真正意识到这一点，真正明白发怒只能把事情搞砸，而绝对不能把事情完美解决的话，你肯定就会好好地约束自己的情感，好好地控制自己的情绪，这样也就能和石油大王洛克菲勒一样，轻而易举地打败对方。

第四章

提升自我认识，摆脱情绪负债

情绪债务从童年开始产生

现代社会对情绪发泄的限制，使人们从小被迫背上情绪的债务。尤其是童年时候的情绪负债，它可能是人类潜意识中最长久的阴影，会持续影响一个人的一生。

虽然刚出生的小孩不会说话，无法表达情绪，哭和笑的情绪是最自然不过的，大家也对小孩抱有最大的宽容之心，不会因为他淘气而去打骂他，但等到孩子可以听懂大人说话时，家长便会以不许哭之类的话吓唬孩子，在这个时候，孩子就已经背负着情绪债务了。

他们根据大人的表达意识到自己的哭闹是不对的，是很丢脸或被认为是有目的的。等到再大一些之后，孩子便会意识到大人对自己情绪的教育，开始知道自己需要隐藏起部分情绪。如，一个小孩摔倒了，即使很疼，但如果只有他自己在场，便不会哭。他已经知道哭是要哭给别人看的，没有人看就没必要哭。等到大人看到之后询问时，他才会哇哇大哭。假如一直没有人看，他会一直压抑着自己的情绪，在小小的行为过程中便学会扭曲自己的感受，情绪负债由此开始累加。

从小时候家长对孩子哭闹的教育，到长大后学校里老师对孩子的教育，以及家长的监管，一个孩子在"教育过程"中的情绪负债呈现逐渐上涨趋势。例如，一个孩子考试后回家，妈妈会问他考了多少分，假如没有考到满分，家长就会责怪他不好好学习，从而他便会认为在应试教育的过程中只有考了满分才对，但由于自己会出现各种失误，情绪会变得越来越紧张，以至于每次考试都害怕，压力过大就会形成"考前综合征"，甚至还会想到作弊。如果在教育过程中家长不是这么重视考试的结果，他恐怕不会想到用作弊去赢得高分。

其实，应付考试只是情绪负债导致的后果中最直接的一个。如果在教育中父母、师长、领导仍然一味刻意地追求好结果而忽视人性的本来弱点，就会导致孩子为了逃避责罚，慢慢学会撒谎和伪装自己。长大之后为了面子，更会不择手段，这才最可怕。这样的情绪负债会严重地扭曲一个人的人格。好的老师、好的家长应当让孩子的情绪得到正常渠道的发泄，要在言行之间教会孩子去真诚处事。

另外，在教育过程中，情绪的负债容易导致我们的思维被严重禁锢。如果家长给孩子的教育标准是正确的，那么孩子的情绪在正确标准的范围内可以自由自在地发展自我。但是，倘若这个标准本身就有问题，违背人类发展的自然天性，甚至扭曲人性，则会导致被教育者的情绪负债。

现代教育中提倡素质教育，提倡新课改，其实，这都是在扭转以往教育导致的情绪负债问题。以前的教育一味进行满堂灌，吃大锅饭，其实每个孩子都是独一无二的个体，但老师却用整齐划一的方式去进行填鸭式的教学，扼杀孩子的创造性思维，这一类不符合孩子天性的教学方式就禁锢了他们的思维。在长期的伪装和压抑下，孩子从小就失去了充分表达自己的能力和权利，这对个人身心来说是一种情绪压力。我们都知道把所有的话都讲出来会很痛快，但都害怕直接说出来会造成局势的紧张，影响到周围的人、事、物与自己的关系，于是，不得不伪装自己。其实，这正是造成情绪负债的根源所在。

情绪负债多半由自己造成

对于人的来源一说，中西方各有说辞。在西方，人们认为世界上有上帝，人类是上帝的孩子；在中国，人们认为人类是女娲创造出的孩子；达尔文从科学的角度解释道：人类是动物进化而来的。尽管对于人类的起源有各种各样的说法，但今天的我们，其实是先天作用和后天影响共同形成的社会中的人。其中，后天的影响是人们情绪产生、表达的重要因素。

人的心理结构大致都是相同的，都有喜怒哀乐的情绪。但是人生经历的不同，导致每个人心理形成因素不同。这就是为什么有人说"相由心生"，人们在儿童时期都没有多大差异，除了先天的相貌之外，作为孩童都爱玩、自由自在、无拘无束，不过，随着年龄的增长，人们之间的差异开始逐渐显现。

当一个人情绪压力过大的时候，内心就会疲惫，外在相貌就比较憔悴，显得未老先衰；当一个人生活稳定，情绪平和的时候，他就会表现得非常乐观，做起事来就会有条不紊、沉着冷静。

20岁的年轻人永远装不出60岁老人的儒雅和智慧，60岁的老人也不会有20岁的年轻人的活力和激情，这是必然的。然而，林肯总统评价一个人的时候说，一个人30岁之后就应该对自己的相貌负责。这其实是对个人修养提出的要求，尽管先天外在条件无法改变，但我们可以通过对后天素质的培养来展现自己的个人魅力。这就要求我们对个人情绪加以主观调控，而不能随意地发泄。

情绪是自然本能的感情反应，应当自由自在地去表达，想哭就哭，想笑就笑。只是，人生于社会、长于社会，发泄情绪的前提是要考虑到自己情绪发泄的时候别人的感受，恰当地去表达。

现实中的人要受到社会的种种限制，无法做到真正的无拘无束。孔子所说的"不逾矩"，就是指一个人在行为处事中不能违反规矩。为什么人比其他动物高明，却要在现实中如此羁绊自己的情绪呢？为什么需要上学、受教育、压抑自己的情绪呢？

仔细分析一下，完全的自由实质上是不存在的，有限度的自由是对自由的最大保证。教育中的条条框框可以避免情绪的发泄失控，没有这种限制反而让人体会不到自由的美好。当在情绪的生成和表达过程中人们逐渐解除这些限制时，情绪负债就会慢慢解脱，这其实是一个螺旋式上升的发展过程。人们在情绪的负债过程中，一方面逐渐受到压抑和限制，这可以防止情绪的不合理发泄；另一方面，在逐渐摆脱这种压抑和限制的过程中可以使情绪获得更大的发泄空间。这正是人们走向自由的痛苦却又必需的过程。

在生活中，每个人都需要担负起自己的责任，履行属于自己的义务。对于情绪的负债亦是如此，我们必须对自己的情绪负债负责，而不能去逃避情绪或是随意发泄情绪。这是生活在社会中的人应有的底线。

三种因素造成情绪负债

人们从小就背负着很多情绪上的债务，童年时期父母的影响，青年时期老师同学的影响，这些都有可能成为人们的情绪来源。生活是喜怒哀乐的总和，只有找到了负面情绪的来源，才能及时将其摆脱，塑造适合个人发展的正面情绪。由此，本节将从性格方面来分析情绪负债的来源。

情绪负债的产生主要源于人的三种性格：一是依赖型性格，二是矛盾型性格，三是竞争型性格。

首先来谈谈依赖型性格。依赖型性格主要是指缺乏独立性，喜欢顺从别人的意志，没有主见的一种表现。这种性格的产生，往往是由于小时候父母对孩子的过分宠爱，凡事代劳造成的。家长对孩子的爱护、保护过分严重，以致孩子享受着种种依赖的感觉，而独立能力没有发展起来，自己和生活没有广泛地进行接触接轨，生活空间狭窄，兴趣单调，意兴懒散。他们总是等待，不会自己安排生活。有这种性格特点的人心目中总有个权威，有个家长，等待他们安排一切，因为从小就是这样。

有个高中生，他的爸爸是个军人，家庭教育也比较严格。从小到大，无论他做得多好，多么优秀，他爸爸从来不当面表扬他，只是说让他不要太骄傲自大。但在外人面前，谈起自己的儿子时爸爸却很高兴。记得有一次，儿子又考了全校第一，当他高高兴兴地回家把这个好消息告诉爸爸时，却没想到爸爸眼睛一瞪，说："看你，取得一点成绩就高兴成那样。"当时，他只觉得很委屈，跑到一边偷偷哭了很久，甚至还有些恨他爸爸。再长大一些，他已经知道爸爸的用意，只是他的性格已经养成。他已经形成了一种对爸爸的依赖，大事面前总是不果断，总想着会有两全其美的办法，认为这样可以少挨点骂。关于别人对自己的看法，他也特别在意。

从以上这个例子可以看出，孩子如果从小受到很严格的家庭教育，那么，他会一贯保持严谨、谦虚、谨慎的态度，为了保持判断事物的正确性，他就必须要反复考量，所以很容易产生情绪上的问题。一旦不这么做，自己就生怕会受到责备。长大以后，做事情可能就会为了得到两全其美的效果而优柔寡断，犹豫不决，严重一点甚至会产生焦虑情绪。

其次，是关于矛盾型性格。人本身是矛盾的，这句话没有错，但是如果人时时刻刻都处于一种显而易见的矛盾中，那么很容易背上情绪负债。

矛盾型性格的根源常常在于自我，他们总是以一种怀疑的态度看待周围的一切，总是在对与错、好与坏之间徘徊不定，情绪也随之不稳定地起伏。他们有的时候也明白事情的缘由到底如何，但却总是怀疑自己的判断，害怕做出错误的抉择，常常犹豫不定。这同样是一种性格缺陷，使他们不得不背上情绪负债。

这种矛盾型性格同样是源于小时候大人管教上出现偏差，不愿意肯定自己的孩子，而是以批评和怀疑的态度对待孩子，在这种成长环境下长大的小孩，会对自己缺乏信心，对自己的判断缺乏自信，产生许多负面的情绪。但是，矛盾型性格也是能逐步改善的。

最后，是关于竞争型性格。现在是一个竞争的社会，提倡要有竞争意识，竞争本身并不是什么坏事。但竞争也会给我们的情绪带来很多负面的影响，譬如，某些竞争，特别是互相攀比，其实本身是毫无意义的，但是却会让我们产生情绪负债。一旦看到比我们能力强的人，心里就立刻不平衡了。还有些人更为严重，互相攀比票子、车子、房子，甚至攀比父母的工作，似乎没有这些东西，或者在这些方面比不过别人，自己就会低人一等，比不上别人会产生自卑情绪或嫉妒情绪，超过别人又会产生自满情绪或盲目情绪。为了这些没有任何意义的攀比，许多人的情绪已经极度扭曲，负债已经非常严重。有很多人甚至从小就开始在家庭和财富上与人攀比。这种竞争不再是良性竞争，如果这种情绪负债从小就养成，实在是危害巨大。

不管是依赖型性格，还是矛盾型性格，抑或是竞争型性格，三者都有各自的优点和不足。要及时了解和熟悉自己属于哪种类型，是什么性格。而后，及时发扬自己的优点，改正自己的缺点，有针对性地摆脱掉情绪负债，才能获得情绪自由。

我们如何摆脱情绪负债

人们从小背负的许多情绪债务可能会影响他们的一生，情绪债务就像一把枷锁，无时无刻不在遏制我们的情绪。我们必须要学会摆脱情绪负债。情绪是个人的情感要素，需要依靠自己来摆脱情绪负债。自身需要做以下几个方面的改变：

第一，适当地控制自己的情绪。

适当，即既不能过分抑制自己的情绪，又不能让自己的情绪任意释放。一方面，过分抑制自己的情绪而不释放，会造成情绪严重积压，到一定程度就会不可阻止地爆发出来。不爆发则已，一爆发就会完全失去控制，不可收拾。另一方面，也不能随意由着自己的情绪，任其自由释放。从来不顾别人的感受，任由自己情绪释放的人到哪儿都将不受欢迎。这样容易导致交际障碍，从而产生很大的精神压力，甚至可能使人产生自闭症。因而，恰如其分地控制自己的情绪，既不要过分抑制，也不要任其释放，这样才能不会有过多的心理负担，情绪才能有所缓解。

第二，学会改变自己的想法。

其实，有时情绪低落只是因为受某种想法的影响。学会从相反的角度看问题，改变自己的想法，那么，情绪或许会由消极变为积极。例如，许多人去市场购物，基本上都是先问遍价格，再选择性价比较高的商家。当发现一个商家的同种商品比之前买的性价比高出很多，自己又会情不自禁地买下来。然后再好奇地问其他商家所卖的同种商品的价格，也许会发现还有性价比更高的商家。这时，你的心情也许会立刻变得非常懊恼，后悔自己急于购买。假如从另一角度来思考，也许自己所买的商品差价并不是很大，抑或质量要比价格便宜的同种商品好很多，并且早点买还可以节省很多时间。这样想想，或许自己的情绪就会好起来。想法改变，心情或许就能变好，情绪也会得到改观。

第三，遇到情绪问题多与人沟通。

很多人在背负情绪负债后，不愿意与他人沟通，其实和自己的朋友多聊一聊关于情绪的话题，有助于我们加深对情绪的理解，也有助于排解不良情绪。

例如很多人都有工作压力大，容易发脾气的情况，不如就约上三两个好友，把自己的压力和情绪大大方方地讲出来，你会发现，讲完之后感觉轻松多了，而且朋友们之间还能分享很多关于缓解压力的方法，遇到下一次相同的事情时，压力很快没有了，情绪也就不会积累了。

相反，那些不懂得与人沟通情绪问题的人，他们会越活越累，直到情绪负债把他们压得喘不过气来，其实，有情绪问题是正常的，没有人会嘲笑你。

想彻底摆脱情绪负债，就要学会做好以上三点。适当控制自己的情绪，避免在人际交往过程中出现很大的情绪波动，甚至形成心理性疾病。学会改变自己的想法，让自己在看问题、处理事情的时候产生积极的情绪，不钻牛角尖，不进入情绪低落的死胡同。经常与他人沟通自己的情绪问题。

第五章

提升认知更能拥有好情绪

理清负面情绪的罪魁祸首

正所谓一千个人心中有一千个哈姆雷特，每个人在面对不同的事物时，就会产生不同的情绪和处理方式，这除了与每个人的学识、经历、习惯不同以外，还与每个人的信念有着密切的联系。一些不合理的信念容易使人产生情绪困扰。一旦这些不合理的信念持续时间过长，就容易引发情绪障碍。

小张是李局长的下属，有一次在街上闲逛时与李局长擦肩而过，李局长只是从他身边走了过去，并没有和他打招呼。于是小张诚惶诚恐，他想是不是李局长因为上次开会时的不同意见而怀恨在心，以后会不会故意跟他作对让他难堪。于是小张陷入焦虑的情绪中不能自拔。

同样的事情隔天又发生在了小王的身上，小王也是李局长的下属，与李局长在街上偶遇，李局长也是没有和他打招呼，小王想李局长估计是在思考其他的事情没有看到自己，或者是虽然看到了自己但有其他的原因才没有打招呼。小王的心情没有因为这件事受到任何影响，依旧开心地去做自己的事情。

　　上述案例中的事情颇为常见，对此，心理学上有这样一种解释：人们对事物的看法很多情况下与人的情绪及行为反应有着极为密切的关系，也就是说，一个人情绪的产生主要是由他的信念主导的。

　　在这一基础上，美国心理学家艾里斯提出的"情绪ABC理论"将这一作用联系作了进一步的阐述：人们处理问题的方式与情绪应对方式由其持有的信念所决定。

信念 标准	合理信念	不合理信念
产生基础	客观事实	臆测成分
对自身影响	使自己愉快生活	使自己产生情绪困扰
关于实现目标	更快实现目标	难以达到目标并因此苦恼
面对他人麻烦	不介入他人麻烦	介入他人麻烦
面对情绪冲突	阻止或很快消除	受情绪困扰时间较长

　　人们的信念各不相同，根据信念对人们行为的影响，可以分为合理的信念和不合理的信念。合理的信念能够引起人们对事物适当、适度的情绪和行为反应；不合理的信念则会导致不适当的情绪和行为

反应。当人们坚持某些不合理的信念，长期处于不良的情绪状态之中时，最终将导致情绪障碍的产生。那么，如何区分信念合理不合理呢？心理学家提出以上5条标准来区分这两者。

根据这些标准，心理学家又归纳了以下十种常见的易导致各种负面情绪的不合理信念，以下列出来供参考：

第一种称为绝对化信念，表现为总是以自己为中心对事物发生或不发生怀有确定的信念。

第二种称为灾难化信念，表现为主观认为某件不好的事情会发生，并带来一系列糟糕甚至悲惨的后果，从而担心、恐惧、羞愧、自责。

第三种叫归己化，主要表现为把外界许多消极事件的原因归结为自己，而实际上跟自己并没有直接必然的联系。

第四种叫先知错误，表现为总是担心不好的事情要发生，然后把这种担心当作事实，扰乱自己的情绪。

第五种叫情绪推理，表现为"情绪决定一切"，总是把主观情绪当作自己判断事物的证据。

第六种称为消极推测，即前边提到的案例中小张的心理，总是主观臆想他人的心理，得出消极的结论，并对此深信不疑。

第七种称为贬低性信念，即习惯于对自己、他人或某个复杂的整体事物给予简单、负面的评价。

第八种是夸大与缩小，表现为对事物的判断总是不合时宜地夸大或缩小。

第九种称为过分概括化信息，即著名的白纸黑点理论，对于白纸上的黑点，总是只看到黑点，并且因此否定整张白纸，对自己对他人都如此。

第十种是极端化理念，以绝对的是非对错来看待一件事，没有中间地带，又叫完美主义，用全有全无的方式思考问题。

前面已经提到不良情绪产生的根源在于不合理的信念，针对以上的各种不合理信念，艾里斯提出了"合理情绪疗法"，通过发现并改变不合理信念来帮助人们远离不良情绪。

首先，检视自己的行为，找出使自己陷入异常情绪的诱发事件。比如人际关系紧张、陷入经济困难，等等。

其次，回忆自己对该事件所持的观点，告诉自己正是由于这些不合理的信念才产生了不良情绪，要消除不良情绪，必须改变不合理的信念。

再次，寻找不合理信念对应的合理信念。然后两者对比，找到自身信念的不合理之处，用合理信念代替不合理信念。

最后，不断用行为方式强化合理信念。行为方式会促进合理信念的建立，并最终帮助自身树立起合理的思维方式，从根本上远离不良情绪。

认识到自身的不合理信念是实施上述四步过程中的关键一步。认识之后还要准确地理解它们。平常可以把上述十种不合理信念与自身情况结合起来，以便达到更好的治疗效果。

不断强化你的健康信念

每个人都曾有过矛盾的时候，左右权衡，思前想后，反复对比仍然犹豫不决。其实，这种时候是我们心里不同的信念在斗争。面对同一个问题，通常会有完全不同的信念产生。它们有时力量悬殊便会迅速结束战斗，有时却势均力敌，彼此互不相让，耗费了人们大量的精力。针对这种情况有没有什么好办法呢？这就涉及"健康信念"的概念，下面，让我们系统地认识健康信念。

通常来说，健康信念有三个特点，即与现实相符、合乎道理逻辑、可以产生正面积极的情绪和结果。相对应的，不健康信念的特点就是与现实不符、不合道理逻辑，而且通常导致负面、消极的情绪和结果。

有这样一则故事：

阿楠快要和自己的未婚夫蒋然结婚了，但是她却感觉不到快乐，有很多次蒋然想要了解阿楠为什么总是闷闷不乐，都被阿楠拒在自己的心门之外。

原来阿楠曾经结过一次婚，但是那次婚姻带给阿楠的都是一些非常痛苦的回忆。自己的前夫酗酒，有的时候还借着酒力打骂阿楠，酒醒后又什么都不承认，阿楠十分痛苦，每天都活在恐惧之中。后来，前夫背着阿楠和另外一个女人秘密来往，竟然瞒了阿楠有半年之久，当阿楠知道真相的那一刻，心都碎了。她本想通过自己的努力来唤醒沉迷酒瘾的丈夫，不想丈夫却有了外遇。后来两个人离了婚，阿楠却久久不能从悲观情绪中走出，直到现在的未婚夫蒋然的出现，阿楠才获得生活中的一点阳光。

可是现在的她惧怕再次走入婚姻，虽然她确信自己很爱蒋然，但是过去的记忆对她来说是个阴影。

后来阿楠找到了一名心理医生，心理医生告诉她无论怎样逃避和拒绝，终究不能改变已经发生的事实。

阿楠心里清楚，自己应当从心底接受过去发生的事情。她也知道未婚夫是怎样的人，不能将他和前夫相提并论。最后，心理医生帮助阿楠从以前那种不健康的信念中走了出来。

阿楠的经历告诉我们，拥有健康信念并不困难，但当健康信念的力量弱小时，人们通常很难感知到它。

当不健康信念强大而对应的健康信念弱小时，即使它们同时被认可，不健康信念也很容易在博弈中瞬时取胜。为了强化健康信念，有时需要有意识地辨析与总结健康的与不健康的信念。有意识地将健康信念与不健康信念进行对比，这样就会发现健康信念闪烁的智慧和人性之光。

国外心理学家研究发现，通常情况下，人们很难改变自己的不健康信念，虽然他们承认这些信念有害且并不合理，健康的信念才真实而有益。造成这一问题的关键在于，缺乏行之有效的方法使人们放弃不健康信念。

那么，如何让自己的健康信念足够强大。

举例来说，如果 A 同学总是会在考试到来的时候感到过度紧张与焦虑，这时就需要分析 A 同学对考试这一事件所持的信念。紧张与焦虑的产生多半是因为存在不健康的信念，诸如“每当考试来临，我总是觉得自己没有准备好，我会得一个很差的成绩，大家会耻笑我”，而这往往就是负面情绪产生的根源。针对不健康的信念，A 同学可以在复习的时候不断告诉自己：“考试是检验学习成果的最佳机会，紧张是不可避免的，适度的紧张还可以帮助我超常发挥。而且即使考试失败了也没有关系，一次考试说明不了什么。我会再接再厉。"将这些话写下来，找时间大声地读出来，然后把它们贴在能够经常看到的地方。考试前慢慢回想一遍，可以有效缓解紧张和焦虑的情绪，这一过程需要不断反复、巩固，才能完全拥有健康的信念。

在此，再介绍几个行之有效的办法来不断加强健康信念：

1. 理性情绪想象

顾名思义，这一点需要想象来完成。通过理性情绪想象，对自己的行动进行彩排，方法如下：

第一步，想象将要面对的情境，最好形成一个清晰而生动的画面，并把可能会引起你难堪或困扰的情景进行特写放大。例如，考试前的焦虑紧张，你在演讲时的语无伦次，等等。一边想象一边回顾对应的健康信念，并用健康信念取代不健康信念，直到之前焦虑紧张的情绪消除。

第二步，至少保持以上具体的健康信念5分钟，同时在这个过程中，开始想象正面情境。如果回到了不健康信念，就再重复第一步。必须强有力的重复这一健康信念直到发生情绪上的改变。

第三步，再保持这种信念5分钟，想象自己形成一种与健康信念相匹配的行为。例如，从容自信地走进考场，顺利地答卷；落落大方地走上演讲台，面带微笑，声音洪亮。在整个过程中不仅收获了健康信念，也收获了健康信念带来的自信与骄傲。

2. 为他人传授健康信念

大家都有这样的经验，在安慰别人的同时，自己的心胸也变得开阔，情绪也变得积极。向他人传授健康信念的同时也能够强化自身的健康信念。传授者需要将自己的健康信念进行整理，同时准备充分的证据，还需要将健康信念和不健康信念进行对比，在这一过程中，传授者便会在关注、讲述以及与他人辩论的过程中，不知不觉地强化自身的健康信念。

3. 理性资料法

理性资料法是通过理性分析，让健康信念在与不健康信念进行辩论过程中强化。步骤如下：

首先，选择自身不健康信念及相应的健康信念。

其次，收集对这一不健康信念持反对意见的观点，并记录下来。

再次，收集对这一健康信念持支持意见的观点，也记录下来。

最后，对比两个观点清单，进行分析比较，最终在心底真正接纳认同健康信念。

拥有健康信念的人，他会有正确的情绪反馈，然后通过自己的行动，在信念力量的支持下，用行动验证成功。他会抓紧生命里的每一分钟，踏踏实实地将想法付诸行动，最后摘下成功的甜美果实。只有梦想与信念是不够的，还要拥有掌控情绪的能力，然后以情绪力量带动行动，早一刻行动，才可能早一刻成功。

从"森田疗法"中学会接受一切

接纳性信念是日本心理学家森田正马提出的一种心理疗法，又叫"森田疗法"，在 20 世纪后期的日本国内及北美非常流行。它强调，只有在真正完全地肯定并接受现实的基础上，人们才有可能对自身及周围的环境进行客观评估，并正确地回应现实。

　　森田正马对精神病患者进行了大量的研究，其中有一位患者由于总是沉溺于自己设想的失败后的状态之中，所以心理极为消极，同时自我评价很低，自卑感强烈。正是这个事例的发现，森田正马提出了"唯事实为真实"的心理疗法。

　　森田疗法的关键在于放弃虚幻想象的影响，只把事实作为思维判断与行动的依据。举例来说，一名运动员得了铜牌，虽然也是巨大的成功，但他很可能会懊恼，因为金牌才象征着胜利。在这名运动员看来，他的脑海中所想的并不是这枚已经到手的铜牌，而是那枚没有得到的金牌。这就产生了问题，因为如果只想着自己没有得到的东西，怀着"如果下次还是只得铜牌怎么办"的心态去训练和比赛，那么即使下次得到了银牌，他仍然会沉浸在"为什么没有得金牌"的沮丧中，继而产生这种想法："看来我不是这块料，再怎么努力也不会成功。"这些由自我否定、不愿接受现实引起的虚像会加剧他的怯懦与自卑情绪。

　　反过来看这个问题，如果这位运动员能换一种思路，不是否定铜牌，而是接受它、肯定它、欣赏它，告诉自己"这次是第三，下次就是第二，再下次就是第一"。如果能这样看待问题，就是一种健康、积极的心态，它可以导致人们产生继续努力下去的积极行为。

　　铜牌获得者的目标必然都是金牌。"我只为金牌而战"与"我得到了铜牌，距离金牌又进了一步"，虽然只是一种思维方式上的不同，但表现出两种截然不同的信念——排斥性信念与接纳性信念。

　　排斥性信念是指试图改变现实或拒绝接受现实，将自己的意志强加于现实之中，坚持去追求自我欲望的满足。例如，一位小女孩想要一个新款的芭比娃娃，但父母却因其他原因给她买了另外一款，小女孩因此愤怒。为了威胁父母，她将买来的芭比娃娃扔在地上，自己坐在床边，屏住呼吸和父母生气，想要父母满足她的要求。结果，她的脸憋成了紫色。不理睬父母，始终拒绝去关注那个墙角里崭新的芭比娃娃。这种信念便是排斥性信念。

相反，接纳性信念是一种积极的、灵活的认知方式。它建立在对客观事实的肯定与接受的基础上，无论人们内心意愿如何，第一步都必须承认事实，完全地接受现实。

例如，羽毛球运动员在刚开始训练的时候都是通过发球器来练习接球。机器会依照设定的速度和频率自动射出一个个羽毛球，受训者的球技和训练情绪无法影响到发球器，发球器也不会按照受训者的需求改变发球的方向和速度。这时，教练通常会让受训者站在指定位置接球，不会要求必须做到某种程度的接球动作，更不会要求受训者去接到发球机的每一个球。教练如此训练的目的在于告诉受训者，唯有在学会接受并适应对方特点及面对自身状况的基础上，才有可能寻求技能的提升。

接纳性信念对每个人都有重要的现实意义。但它不是天生的，只有通过后天练习才可以获得，以下介绍几种练习的方法（见下页表）。

培养接纳性信念就是鼓励人们在面临困难的时候勇敢接受现实，将负面情绪拒之门外，并且以乐观的积极情绪奋勇向前，最终通向成功。生活中，我们可以多多练习这种方法。

方法	具体介绍
放松面部半微笑	当人们半微笑时，面部肌肉自然处于放松状态，心情也会随之变得安详与平静。经常保持半微笑状态，有助于人们控制情绪并养成良好的接受现实的心态。 这种练习可以随时随地进行——可以在清晨锻炼的时候、听音乐的时候、烦躁的时候、干家务的时候、甚至躺在床上的时候进行。
关注自我呼吸	关注自我呼吸以达到静思练习的目的，关注自我呼吸的过程有助于帮助人们平静下来，接受与容忍现实，同时也能减压放松身心。 呼吸练习的方式很多，包括计算呼吸次数、测量呼吸频率、深呼吸练习、听音乐节奏呼吸练习，等等。
专注练习	专注练习，顾名思义，强调关注自己和周围环境，静心感受其中细节和细微的变化，这一练习可以有效帮助人们接受现实，寻找突破并最终渡过难关。

不断提高自我对挫折的认知

人生如江海行船，碰到风浪、暗礁在所难免。但是，如何在困境中调整心态，培养积极正面的情绪，最终迎难而上并取得成功呢？我们必须提高自我对挫折的认知。

当人们具备面对挫折时的承受能力时，也会在负面诱发事件面前产生诸如忧虑、悲伤等负面情绪，但这些负面情绪的强度和持续时间都是在健康的范围内。人们很快就可以调整自己的心理，冷静地看待眼下的挫折困境及目前可利用的资源，通过采取有效的行为来快速摆脱困境。这种能力心理学家称之为"逆境情商"。

逆境情商高的人通常有着较强的意志力与抗挫力，表现为手术后康复快，在单位中升职升迁的速度也较快，等等。

在遇到某些挫折时，人们只要坚持按照下面的方法说服自己，就能慢慢提高自己的逆境情商。

1. 关于工作

"这份工作很辛苦而且回报不高，但它锻造了我坚强的个性，这会让我受益无穷。"

"人生是由喜欢的事情和不喜欢的事情构成的，而有些事情是非做不可的，对于非做不可的事情，试着去喜欢，可能会让我们更顺利地完成它。"

2. 关于人际

"得到上级的认可固然重要，但是没有得到也没有关系，证明我还有值得改进的地方。"

"得到所有人的喜欢不仅不可能，而且即使做到了也不会是件幸运的事，那会意味着属于自己的时间很少。"

3. 关于困境

"困境是暂时的，但是困境历练出的品格却是长久的，这样看来，逆境和挫折都是人成长过程中的挑战和机遇。"

"失败是成功之母，这一次的失败很可能意味着下一次乃至再下一次的成功。"

"我很想通过考试，但人生没有事事顺心的。"

总之，提高自身逆境情商，就能极大地提高我们的情绪不受外界干扰的能力，也就是古人所说的"不以物喜，不以己悲"的境界。只有拥有这种境界的人才能秉持着自身强大的信念，获得最后的成功。

完美主义是一种情绪问题

在工作学习和生活中，很多人总是希望在各个方面都做到最好，这是一种追求完美的心态，它会让我们认真对待自己所做的事情，也是一种积极的状态。但是如果事事追求完美，这种心态就足以让情绪失衡，也违背了"完美"的初衷，会造成适得其反的效果。

我们的生活中不乏完美主义者，他们追求完美，已经到了不能容忍自己身上出现失败或者挫折的地步。他们对事物、对自己有着强烈的绝对化要求，这些要求僵化而武断，他们通常这样要求自己：

"我必须要通过这次考试，必须通过。"

"我一定要出人头地，一定要让别人对我另眼相看。"

"这次谈判只能成功，不能失败。"

"这是我最后的机会了，无论如何我都要达到这个目标。"

但是在这种心理的不断强化下，情绪却起了反作用，将我们带到了一条相反的路上。

先看一个著名的案例：

华伦达是 20 世纪美国著名的高空走钢索表演者，但死于一次重大的表演事故。他的妻子事后表示那并不是没有征兆："我知道这次一定要出事。因为那次表演有一个重要人物在场。"

原来华伦达在上场前不断告诉自己这次表演很重要，非常重要，只能成功，不能失败。大家都知道，高空走钢索是一种非常危险的项目，它要求表演者不仅要有过硬的技术，更要有过硬的心理力量作为支撑。之前华伦达表演的时候他只想着走钢索这件事本身，而最后一次这种"必须成功，绝不能失败"的心态使华伦达产生了巨大的心理压力，才导致情绪失控，在表演中失败身亡。这就是后来心理学界著名的"华伦达心态"。

"华伦达心态"就是完美主义者的极端表现，它包含了对自己的绝对化要求，这其实包含两部分内容——"部分的希望"及"要求"。例如我们前面举例的"我必须通过这次考试"，其实是由部分希望的"我希望通过这次考试"（灵活的部分）和要求部分"所以我必须通过"（僵化的部分）联合构成的。

"部分希望"表达了人们的需求，人们希望得到的东西，仅此而已，从它本身并不能直接地得出"一定"或者"必须"这样的"要求"成分。绝对化要求的不合理之处就在于，它违背了基本的逻辑推理原则，总是习惯性地从灵活的"希望"的部分中推出一个僵化的"必须"的结论。

正是这种违背逻辑的推理让人们的思维变得歪曲，以至于不能正确评估事件本身及其产生的影响。一旦希望部分没有完成时，就会产生诸如嫉妒、抑郁、内疚等一系列的负面情绪，更进一步导致对事态毫无益处的行为，如逃避、报复甚至强迫作为等。

对此，我们只需要改变绝对化要求中僵化的要求部分，用"合宜的热切希望"来代替"要求"的信念。合宜的希望不同于强求，它是有弹性的，并不武断和绝对。仔细分析一下，也有两部分构成，是灵活的"部分希望"及同样灵活的"对要求的否定"成分。"部分希望"是灵活的，"对要求的否定"成分也是灵活的。

"合宜的热切希望"改变了绝对化要求中的绝对的要求部分，取而代之两个灵活的部分，是十分合理的。

举例来看，"我很希望完成这个目标，得到家人、朋友的认同，但我不是一定必须完成这个目标。"在这里，"我希望完成这个目标，但我不是一定必须完成"是由"我希望完成这个目标"（灵活的"部分希望"）和"但我不是一定必须完成"（灵活的"对要求否定"）构成的。

这里，将"绝对化的要求"替换成"合宜的热切希望"，会让自己紧绷的神经放松下来，用一种更享受的心态去做我们喜欢的事情。真正实践"合宜的热切希望"，主要的困难在于，要敢于与众不同，敢于冲破自己设定的限制与习俗的束缚。找到内心深处那些对自己、对他人设定的"一定""必须""应该"及"不应该"的限制，并把它们记录下来。而后参照"合宜的热切希望"的陈述方式修改，说服自己接受修改后的信念，并在脑海中不断加强。在日常生活工作中，有意识地运用这一新的信念指导自己的思想。这样，积极的信念系统与健康的生活方式便能与我们同在。

要克服完美主义，具体有以下几种方法：

1. 正确评估自己的潜能

既不要估得太高，更不必过于自卑。有一分热发一分光。你如果事事要求完美，这种心理本身就会成为你情绪的障碍。不要在自己的短处上去与人竞争，而是要在自己的长处上培养起自尊、自豪和工作的兴趣。

2. 重新认识"失败"和"瑕疵"

一次乃至多次的失败并不能说明一个人价值的大小。仔细想一下，如果从不经历失败，我们能真正认识生活的真谛吗？我们也许一无所知，沾沾自喜于愚蠢的无知中。因为成功仅仅只能坚定期望的信念，而失败的情绪体验则给了我们独一无二的宝贵经验。

人只有经受住失败的考验才能到达成功的巅峰，更不必要为了一件事未做到尽善尽美而自怨自艾。没有"瑕疵"的事物是不存在的，盲目地追求一个虚幻的境界只能是劳而无功。我们不妨问一问："我们真的能做到尽善尽美吗？"既然不行，我们就应该尽快放弃这种想法。

3. 为自己确定一个短期的目标

寻找一件自己完全有能力做好的事，然后去把它做好。这样你的心情就会轻松自然，感到自己更有创造力，办事也会较有信心，工作就会更有成效。实际上，你不追求出类拔萃，而只是希望表现良好时，你会出乎意料地取得最佳的成绩。

目标切合实际的好处不仅于此，它还为你提供了一个新的起点，能使你循序渐进地摘取事业上的桂冠。每完成一个短期的目标都能让自己产生快乐的情绪，进而让自己向更高的目标前进。同时你的生活也会因此而丰富起来，变得富有色彩，充满人情味，并不像你原来所想的那样暗淡。

不论改变何种自身信念，我们最终的目的是要摆脱因过度追求完美而产生的负面情绪，因为只有正面情绪才能促进我们前进，从根本上断除不切实际的想法。

告别"灾难化信念"

生活并不是时时都会阳光灿烂，每个人都可能遇到阴霾，面对困境，什么样的心理状态才算健康呢？

"灾难化信念"是指一种消极的心理与世界观，其表达方式是"这件事如果发生了，将是一件非常可怕的事"。

"灾难化信念"的思维方式由以下两个部分组成：部分"灾难化"成分和完整"灾难化"成分。可以举例来分析，例如"这件事发生了是非常可怕的"这是"灾难化"信念，它其实是两句话："这件事发生了是令人沮丧的"和"因此，它是非常可怕的"。分解之后的第一句话是部分"灾难化"成分，而第二句则是完整的"灾难化"成分。

从句子的表达中我们就可以看出"部分灾难化"并不是极端的，只是表达了一种沮丧的、糟糕的感觉，由此并不能逻辑地推导出"因此，它是非常可怕的"的结论。而这恰恰就是灾难化信念的不合理之处，它从根本上违背了逻辑原则，基于一个并不极端的前提得出一个极端的结论。

灾难化信念造成了我们思维运转的一种不正常模式，每当这种模式发生之后，我们就会难以避免地陷入各种负面情绪中，然后周而复始地遭受这些负面情绪的折磨。

卡瑞尔是一位杰出的空气调节器工程师。他取得了很多成就，也曾有过失败的教训。一次，他在工作中发生重大失误，可能给公司造成巨大的损失。这一发现如同晴天霹雳，令卡瑞尔痛苦万分，巨大的挫败感让他彻夜难眠。

痛苦之后，卡瑞尔振作起来，他提醒自己，痛苦和后悔毫无意义，必须要有所行动。他强迫自己平静下来，最终找到排除忧虑、解决问题的方法。正是这个方法让卡瑞尔终身受益：

首先，静下心来，客观地分析整个事件，假设事件可能导致的最糟糕的结果，并找到自己所能接受的更为糟糕的结果。

其次，充分了解事件最坏的结果后，就要做好思想准备，勇敢地把它承担下来。对卡瑞尔来讲，这次失败虽然可能让自己失去这份工作。但谁没有不完美的一面呢？工作丢了也可以再找的，当卡瑞尔这样想的时候，他的心理迅速发生了变化，负担与压抑没有了，取而代之的是轻松与快乐。

最后，说服自己，平静下来，将全部的精力用到工作上，尽最大努力挽回失败。卡瑞尔不断地实验以减少可能的损失，后来公司不仅没有受到任何损失，反而因此次事件赢利 1.5 万美元。

故事中的卡瑞尔所采用的这一方法就是后来帮助了无数人的"卡瑞尔公式"。虽然卡瑞尔也曾经陷入"灾难化信念"，痛苦、忧虑、夜不能寐，但是最终他走了出来，并成功化解了这一危机。那么，对一般人而言，应该如何克服"灾难化信念"呢？

摆脱"灾难化信念"的根本方法在于建立"反灾难化信念"。与

"灾难化信念"不同，"反灾难化信念"是站在客观的角度来看待事件与问题，用积极的心态面对事件产生的后果，像卡瑞尔那样冷静地分析之后，采取积极的行动，最大限度地挽回可能产生的损失，从而避免陷入消极、沮丧等负面情绪之中。

通过分析"反灾难化信念"可以看出，它同样包括两部分，"部分灾难化"成分和非极端的"对灾难化否定评价"成分。由此可以看出"反灾难化信念"构成是合理的，它所包含的非极端地对灾难化进行否定评价的部分，与"部分灾难化"成分在逻辑上是一致的。

其表达方式是这样："发生这样的事情是糟糕的，但它不是不可接受的。"用"反灾难化信念"替代"灾难化信念"，可以帮助人们更加客观、更加冷静地面对困境，实践起来可能会遇到各种困难，以下的几种思维方法或许会有帮助：

当我们真的按照以下方法来做的时候，就会发现它的奇特功效。告别"灾难化"信念没有我们想象的那么难，只要我们开始行动，正面的情绪反应过程还是会慢慢养成的，请相信自己！

方法	举例
用"即使"代替"万一"	"即使这家公司不录取我，我还可以再找工作，而且很可能比这家公司更好。"
把事物放在长远的时间观念当中	"多年以后哪怕半年以后，这件事看起来就不再那么糟糕了。"
好坏参半的思维方法	"如果我真的丢了这份工作，我可以休息一段时间，然后再找一份更好的工作。"

运用"卡瑞尔公式"	第一，最坏的情况是什么。 第二，说服自己，做好心理准备接受结果。 第三，冷静下来，尽全力改善可能出现的结果。
将事物放在对比的观念当中	"跟那些很糟糕的事情比起来，这又算什么呢？"
向他人学习如何面对糟糕的事	"他比我不幸多了，但依然乐观向上努力奋斗，我要向他学习。"
活在当下	"事情已经发生了，将会是什么结果谁也不知道，我唯一能做的就是把握好现在拥有的，尽全力改变我能改变的，接受我改变不了的。成功与失败都是人生的必修课。"

解铃还须系铃人，理清情绪

人很容易受到外界因素的影响，尤其是负面情绪的影响。有的人常常因他人的错误而变得心烦意乱，无法正常工作。有的人会因为他人的悲观情绪而变得抑郁。这都是不能控制好自身情绪的表现。事实上，自己才是情绪的主人，控制好自己的情绪，才能做到不被他人的情绪感染。

梅兰是一家投资公司的出纳。业务熟练，为人谦和。最近却遇到了烦心事，因而账目做得有些疏漏。同事杨敏最近也经常找她麻烦，不是这样做得不对，就是那样妨碍她的工作，她时常冷言冷语，甚至在办公室发脾气。在这样的工作氛围中，梅兰深受其害，不仅工作做得不好，同事的关系也处理得不妥当。梅兰认为，工作上的失误已经让自己颇为烦恼，平时与自己关系不错的杨敏不但不给予安慰，反而给自己增加压力。杨敏也发现最近梅兰有点反常。自己平时也挺关心她的，她却总是愁眉苦脸地对待自己；想要跟她说点工作上的事情，她却总是打不起精神来，害得自己的工作也没法顺利进行。

或许，你也有过类似梅兰和杨敏的遭遇。人难免会犯些错误，人与人之间的摩擦也可以理解。但如果因为他人的行为而让自己的情绪受到影响，这非常不明智。人生活在社会中，总会产生许多负面情绪。但是，没有人可以主宰你的情绪和思想。所谓"解铃还须系铃人"，自己的情绪要自己控制。我们每个人都要有调节自身情绪的能力，以避免陷入不必要的情绪困扰。

培养控制自己情绪的能力不是一件简单的事情，但是，可以运用一些简单的方法，加上坚持不懈的努力，便可以消除许多负面情绪。

首先，要正确认识自己。

正确认识自己，要深刻了解自己的性格。认真地分析自己产生悲伤情绪的根源。人的情绪与性格有关。如果你是一个认真严谨的人，不妨试着在某些小事情上豁达一点。没有必要计较的事情，就不要太过于在意。如果你是一个多愁善感的人，那么，在遇到小麻烦的时候，可以先放到一边，不要反复地去想这件事情，以免受不良情绪的干扰。

其次，遇到不顺心的事情，先给自己三秒钟的冷静时间。

人在遇到不顺心的事情的时候，比较容易冲动。当受到他人的不良情绪影响时，不妨先给自己三秒钟的时间，深呼吸，冷静下来。花时间想想，自己为当前这件事闹情绪是否值得。恰恰是这三秒钟，往往可以缓和因外界影响而造成的不良情绪。

最后，运用心理暗示，给自己积极的情绪。

心理暗示非常重要，并有着良好的效果。当再次遇到情绪低落的时候，不妨给自己来点积极的心理暗示。不断为自己树立目标，有建设性的自我激励能使自己从情绪低谷中摆脱出来，让自己鼓起热情，振奋精神，树立信心。一旦察觉到自己可能会受不良情绪影响，这时就要从内心给自己克服的勇气和前进的动力，不让负面情绪影响到自己的正常生活。

自己是情绪的主人，驾驭情绪才能成功。自身的情绪障碍是自身的思维、信念所引起的，所以，自己才是自身情绪的制造者。但与此同时，自己也是自身情绪的主宰者，每个人都天生具有调节自身情绪的能力，应学会适时地发泄自身的负面情绪，不让坏情绪掌控自己。只有懂得驾驭、协调和管理自己的情绪，才能让情绪为自己服务，坏情绪也就不会成为生活中隐形的绊脚石。

第六章

情绪爆发，人体不定时的"炸弹"

看清你的情绪爆发

生活中，悲伤、愤怒、恐惧这些人体不定时的"炸弹"随时有可能会爆发。脆弱是情绪爆发者当时的特点，心理防线已经崩溃，所有情绪就不在自己控制范围内了。

碰到涕泪横流或暴跳如雷，或极度焦虑而接近崩溃的人时，你当时会怎么想？是替他们担心，想帮助他们，还是对此感到恼怒，不想被牵连？当你试着让他们静下心来时就会发现，这些办法却助长了他们的情绪爆发，尽管这些办法对那些理性的人有效。这就是所谓的情绪爆发地带。

那么，究竟什么是情绪爆发？

情绪爆发有着各种各样的原因。爆发可能来自危险、恐吓、痛苦、烦恼，等等。尽管起因和结果各不相同，但它们却有如下的共性：

1.情绪爆发极为迅速

情绪爆发发生得极快，以致人们很难判断事态和思考应对的方法。

速度之快往往让人认为情绪爆发是无法预知的，因为它们总是出现得非常突然。正相反，这只是一种感觉，它并不能作为评判事实的最佳标准。

先冷静一会儿，使自己对事件的觉醒能力放慢下来，这样有助于了解起因和结果之间的关联性。通常，越是自己熟悉的所见所闻，就越觉得事物运动较慢。如相比自己的母语，外语听起来总是要快一些。

2.情绪爆发非常复杂

情绪爆发包含言语、思想、荷尔蒙、神经传导和电脉冲。它由诸多同时发生的事件组成，也包括你和情绪爆发者都有的一些不同水平的体验。

当遇到情绪爆发者对你说话时，你需要清楚对方当时的说话内容，思考他们说话时的想法，以及他们身体里正在产生的相关生理反应。

当婴儿的情绪爆发时，大部分人，特别是许多家长往往能处理得得心应手，但对于成年人的情绪爆发问题，他们在应对时总是要差很多。这两类人的情绪爆发极为类似，只是人们的反应和感受极为不同罢了。

与成年人接触，人们往往更注意言语，有时试图与爆发者交谈，劝慰他们，使他们能够摆脱情绪困扰。但人们不会对婴儿也采取交谈和劝慰，而是抱起他们，给他们奶瓶。成年人情绪爆发时，我们不要过于关注外在表现，而要多思考引起这种情绪爆发的内因。要像听到婴儿啼哭时所想的那样，去应对成年人的情绪爆发问题。

3. 情绪爆发需要参与者

情绪爆发是一种需要他人参与的社会活动，即便找个隐秘的地方爆发，在爆发者的心里也是有听众的。可以这么说，情绪爆发就像一棵倒下的大树所发出的声响。没人听到声响，谁也不知道发生了什么，倒下的大树只是扰乱了周围的空气。与此不同的是，情绪爆发者可能会持续扰乱空气，直至有人听见情绪的爆发。

一旦情绪爆发，人们就会被牵扯进去，不可能只是目睹它的爆发，不管他们自己是否愿意。而事态的发展都或多或少地取决于人们的回应方式。最佳的回应或许是什么也不要做，特别是当自己没有其他选择的时候。通常，人们对情绪爆发采取的方式是以爆发回应爆发，或是向爆发者解释不应该有那种情绪的理由。不幸的是，这样往往会使事态朝着更恶劣的方向发展。

4. 情绪爆发是一种表达

情绪爆发者往往想通过自己的极端行为来向外界表达自己的感情与思想。一般，他们因找不到合适的话语而用行为来引起其他人产生同样的感受。当知道自己的感受被别人理解时，他们的那种被迫性示威行为或许就不会发生。

处于爆发地带的人们可能会有种被操纵的感觉，或者说，有一种被迫做自己不愿意做的事情的感觉。这样的想法只是一种急速的判断，非常不利于他们了解和处理情绪爆发。

想有效地应对情绪爆发，就必须站在他人的角度上看问题。如果认为情绪爆发是别人企图利用自己的恶劣手段，那么这种想法是极为错误的。他们爆发时表现出来的感受，是希望有人能做些事情，使他们感觉好起来，尽管他们往往并不知道那些事情是什么，他们也不在意做事情的主体是谁。

当然，情绪爆发者并不是想故意操纵别人。他们的爆发行为并不是故意的，而是一种无意识的行为。如果想让他们对自己的这种行为负责，很可能会使他们更为恼怒。尝试着询问情绪爆发者想让别人做些什么，这是有效地处理问题的技巧。如果你已经知晓他们想要的东西，那就最好不要再继续这个问题。

5. 情绪爆发会反复进行

情绪爆发是系列性的事件，而不是单独一个事件。反复是大多数情绪爆发的关键要素。反复地爆发会增强和延长这一爆发事件本身。如何化解这些反复至关重要。遇到让你手足无措的情绪爆发时，可以想方设法稳定这个事件，以防它再次爆发。

解决情绪爆发最好的方法就是尽力去帮助他们，但不是对他们屈服，不是一味地满足他们的任何要求。不能做个老好人，但对他们尽量和蔼、细心、勇敢。运用一些不会使情绪爆发者受到伤害而对他们有益的方法。这些方法要打破常规，即使令人觉得不舒服的方法也可以拿来试试。

"情绪风暴"中人心容易失控

所谓情绪风暴，就是指机体长时间地处于情绪波动不安的应激状态中。美国学者在对 500 名胃肠道病人的研究中发现，在这些病人当中，由于情绪问题而导致疾病的占 74%。根据我国食道癌普查资料，大部分患者病前曾有明显的忧郁情绪和不良心境。我国心理学家在对高血压患者的病因分析中也发现患者病前常有焦虑、紧张等情绪。可见"情绪风暴"对人体有着巨大影响，因而备受重视。

紧张的情绪和超负荷的工作压力会让你产生难以预料的情绪风暴，带给你更多的烦恼。

35 岁的黄荣新是一家贸易公司的部门主管。年纪轻轻的他能有如此出色的事业，除了才华，更多的是靠勤奋。为了这份工作，他每天工作十几个小时，出差更是家常便饭。突然有一天，一向精力充沛的他发觉越来越多的困扰向他袭来：心悸、失眠、易怒、多疑、抑郁，以前 10 分钟就能解决的问题，现在却要花费一个小时，他甚至对工作产生了极其厌倦的情绪，整个人也变得日渐憔悴。

实际上，在现代社会中，由工作压力带来的心理矛盾和冲突是普遍存在的。竞争的压力、工作中的挫折、生活环境的显著变化、人际关系的日趋紧张等，使人不可避免地处于紧张、焦虑、烦躁的情绪之中。

当个体的情绪处于动荡不安的"风暴"中时，大脑的活动会受影响。例如，过度焦虑会引起大脑兴奋与抑制活动的失调，这不仅会使人的认知范围狭窄、注意力下降，严重者还会罹患精神疾病。日常生活中，常见的一些神经衰弱与焦虑等不良情绪有关。此外，有研究显示，大脑活动的失调还会使自主神经系统的功能发生紊乱，长此以往将使躯体出现某些生理疾病症状。

1943 年，沃尔夫医生偶然遇到了一个名叫汤姆的病人。汤姆因误食一种腐蚀性的溶液而灼伤了食道，不能再吃食物。于是外科医生在他的胃部开了一个口，以便把食物直接灌入胃中，同时，也提供了从洞口中直接观察胃黏膜活动的机会。人们意外地发现，当病人处于紧张的情绪状态中时，胃黏膜会分泌出大量的胃液，而胃液分泌过多将会导致胃溃疡。由此可见情绪对身体有直接的影响。

加拿大心理学家塞尔耶在有关"情绪风暴"对个体的身心变化影响的研究中，提出了情绪应激理论。塞尔耶认为，当人遇到紧张或危险的场面时，他会有很重的精神负担，而此时人往往又需要迅速做出重大决策来应付这种危机，机体因此会处于应激状态。在应激状态下，人脑某些神经元被激活，它释放出促肾上腺皮质激素释放因子，并使血管紧张。

随着现代文明进程的加速，社会竞争日益加剧。人们的生活节奏也跟着"飞"起来，以至于现代人把一个"忙"字作为口头禅。职场白领们在四季恒温的办公区，面对一个格子间，一个显示器，一大堆文件，总有做不完的事情。由于工作紧张、人际关系淡漠等因素的影响，导致人们的身心压力越来越大。

对于轻微的压力，人们可以通过自我调节来消除，或随着时间的推移而日渐淡化。如果处理得当，还能将压力转化为人生的动力，促进个体能够奋发进取。但若是压力不能及时得以排除，长期积聚，无形的压力会影响人的身心健康，形成所谓的"亚健康"状态。

如果你已经处于"情绪风暴"中，就要尽快从中抽身，做一些对情绪平复有帮助的事情。早一点将"风暴"赶走，就早一点回归到安宁、平静、快乐的生活中。你是情绪的主人，要善于调控自己的情绪。

负面情绪消耗着我们的精神

当人们太在意某件事情的时候，就会变得心神不宁，此时负面情绪消耗着他们的活力和精力。他们是不可能以最佳效率将事情办好的。事实上，所有的负面情绪都与自己的软弱感和力不从心有关，因为此时的思想意识和体内的巨大力量是分离的。所以，在我们的情绪没有回归到平和之前，任何情绪的作用对于我们来说都是消耗，负面情绪越大、持续时间越长，这种消耗就越大。

王萌和李乐是一对恋人，王萌是一个文静细心的女孩子，而李乐正好相反，性格外向、开朗。两人感情一直很好。

一天，李乐到外地出差，因为旅途疲惫就直接在旅馆里休息了，没有给王萌打电话。王萌却在另一个城市苦苦等着李乐的消息，左等右等始终不见李乐的电话，她自己着急了：他现在干什么呢？跟谁在一起呢？这么晚了还不打电话是不是出什么事了呢？越想越糟，却不好意思打电话问原因。就这样，王萌在焦虑不安中度过了一夜。

这是一个在恋爱中十分普遍的现象，如果王萌打个电话问明原因就不会整夜无眠，但是她陷入了不良情绪的旋涡中不能自拔。

很多事情证明：如果人们怀着某种美好的情绪去做事时，往往会出现事半功倍的效果；相反，如果用一种消极的态度来面对事情，结果只能是事倍功半。

想想平时发生在我们周围的事情，有多少人因为情绪不好与成功失之交臂，有多少人因为负面情绪而错过了美好的恋人，有多少人因为闹情绪而毁掉了自己的美好前途？

大部分人的智商其实都相差无几，要想在激烈的竞争中脱颖而出，你的情商起到了至关重要的作用，人们已越来越重视个人情商的培养。其实，通过一段时间的培训和坚持，我们是可以有效地控制和驾驭自己的情绪的。

首先，要随时避免自己产生不良的情绪，适时转移自己情绪注意的焦点。

学会驾驭自己的情绪，一旦出现不良情绪，就要告诉自己，生气郁闷不仅要花费力气，还会伤元气。案例中的王萌就让负面情绪影响了自己，以至于浪费了时间，并把自己搞得筋疲力尽。

要学会适时地消除自己的不良情绪。气愤时做几个深呼吸，生气时数数绵羊，听听舒心的音乐，跟好友一起到 KTV 唱歌，等等，这些都有助于稳定自己的情绪。

其次，意念具有神奇的魔力，可以通过信念的力量来消除不良情绪的困扰。

用体力、情绪和信念三种方式来输出一个点数的能量，以体力的方式输出约 10 卡路里，而以信念的方式输出的能量是体力的 100 倍——1000 卡路里。可见，信念的力量是巨大的。合理地运用信念，有助于克服不良情绪的困扰。

由真实故事改编的电影《美丽心灵》的主人公纳什教授是一个患有精神分裂症的人，在他的生命长河中有三个想象中的人物一直不离不弃地伴随着他。当医生告诉他那三个人是不存在的，是他幻想出来的时候，他很受打击。但是当他确定自己的病情后拒绝服药，而是运用信念的力量杜绝自己与这三个人交流，专心于自己的研究，最终获得了诺贝尔奖。

再次，合理地转化不良情绪，变废为宝。

并非所有的不良情绪都会导致坏的结果，只要合理地运用不良情绪，转变观念，就能变废为宝。所谓"不愤不启，不悱不发"说的就是这个道理。

古往今来，有多少英雄人物成功地走出了人生的低谷，摆脱了不良情绪的困扰。宋代的苏轼留下了上千首千古绝唱，谁曾想过他官场失意，被贬数次？假如他因此郁郁寡欢，沉浸在悲伤的情绪中不能自拔，怎会有那被传颂至今的豪放词曲呢？

当我们抑郁时、痛苦时、沮丧时，要辩证地看待它们，把它们看作一次教训、一种对成功的磨炼，这样不仅帮助我们查漏补缺，而且有利于继续向美好的生活前进，何乐而不为呢？

负面情绪的极端爆发

一位国外著名的心理咨询师这样说道:"压力就像一根小提琴弦,没有压力,就不会产生音乐。但是如果弦绷得太紧,就会断掉。你需要将压力控制在适当的水平——使压力的程度能够与你的心智相协调。"

随着生活节奏加快、工作压力增加、人际关系日益复杂、家庭生活也充满越来越多的变数……情绪、心理疾患正日益困扰着现代人,在生活和工作的重压下,很多人常常控制不住自己的情绪,结果不仅影响自己的形象,还会给周围的人造成不好的影响。

40岁的阿利是一位IT高级经理,脾气好在单位里是出了名的。但最近这两个月部门的销售形势出现了"瓶颈",尽管辛辛苦苦每天在外面跑,可业绩榜上还是"吃白板"。一天老板关起门,"和颜悦色"地给他上起了销售培训课,即便没有一句训斥的话,可他还是觉得心里不痛快。而平时十分细心的助理丽丽却在这时把一份报告接连打错了好几个字。一股无名之火立马蹿了上来,他拍着桌子把报告扔到了丽丽头上,小姑娘眼泪滴滴答答地往下流,他还是喋喋不休。后来他冷静下来,自己也觉得情绪失控,追根寻源,还是工作压力太大惹的祸。

无处不在的压力给现代人的情绪带来了恶劣的影响,你肯定也有亲身体会:是不是莫名其妙地发脾气、烦躁,看什么都不舒服;坐公交车、地铁,看旁边两个人有说有笑你就生气;别人不小心踩了一下你的脚，你就像找到发泄的渠道一样，与其大吵一架……其实，这些负面情绪无一不是压力带给你的，当压力越来越大，你的情绪越来越差时，结果只有两个，那就是：不在压力中爆发，就在压力中灭亡。当然，这两个结果我们最好是选择前者，情绪不好，发泄出来就可以缓解了。

姜玲是一家大型公关公司的客户总监，平均每天要工作10个小时以上，最不能忍受的是，常常要同时应对客户、同事、上司几方面的压力。"3个月前接一个项目，客户是一家外地民营公司，不了解这边的情况，提出很多无理的要求。这两个多月，我不断地打电话、发电子邮件，光是'空中飞人'就飞五六次，就是为把事情沟通好。"

"实在是压力太大！"35岁的姜玲说。

这边的事情还未处理好，同事中又有临时"掉链子"的，作为项目负责人的姜玲终于崩溃了。"那天我回到家，一个人喝了半瓶红酒，突然觉得很累，也很委屈，就趴在枕头上大哭了一场，嗓子都哭哑了，然后就睡着了。""哭能让我的心情变好。"第二天清醒过来的姜玲意识到这一点。

在有些城市的部分白领中，有一种被称为"周末号哭族"的群体，而这种看似奇怪的方式正是他们舒缓压力的途径。

不良压力使人感到无助、灰心、失望，它还能引起身体和心理上的不良反应；良性压力能够给人以动力，使人愉快并能有效地帮助人们生活。既然无法逃避压力，就要学会正确对待压力。

及时排解不良情绪，把心中的不平、不满、不快、烦恼和愤恨及时地倾泻出去。记住，哪怕是一点小小的烦恼也不要放在心里。如果不把它发泄出来，它就会越积越多，乃至引起最后的总爆发。

勿让情绪左右自己

情绪如同一枚炸药，随时可能将你炸得粉身碎骨。遇到喜事喜极而泣，遇到悲伤的事情一蹶不振，人世间的悲欢离合都被人的心绪所左右。

爱、恨、希望、信心、同情、乐观、忠诚、快乐、轻快、愤怒、恐惧、悲哀、疼痛、厌恶、仇恨、贪婪、嫉妒、报复、迷信都是人的情绪。情绪可能带来伟大的成就，也可能带来惨痛的失败，人必须了解、控制自己的情绪，勿让情绪左右了自己。能否很好地控制自己的情绪，取决于一个人的气度、涵养、胸怀、毅力。气度恢宏、心胸博大的人都能做到不以物喜，不以己悲。

激怒时要疏导、平静；过喜时要收敛、抑制；忧愁时宜释放、自解；焦虑时应分散、消遣；悲伤时要转移、娱乐；恐惧时要寻支持、帮助；惊慌时要镇定、沉着……情绪修炼好，心理才健康。

空姐吴尔愉是个控制情绪的高手。她的优雅美丽来自一份健康的心态。她认为，当心里不畅快的时候，一定要与人沟通，释放不快。如果一个人习惯用自己的缺点和别人的优点相比，对什么都不满意，却对谁都不说，日积月累，不但她的心情很糟糕，而且她的皮肤也会粗糙，美貌当然会减半。所以，有不开心、不顺心的事，她一定找一个倾诉的伙伴。不但自己能一吐为快，朋友也能从旁观者的角度给她建议，让她豁然开朗。

在工作中，她更善于控制情绪，让工作成为好心情的一部分。飞机上常常遇见习钻、挑剔的客人。吴尔愉总是能够让他们满意而归。她的秘诀就是自己要控制好情绪，不要被急躁、忧愁、紧张等消极情绪所左右，换位思考，乐于沟通。

有一位患上皮肤病的客人在飞机上十分暴躁，一些空姐都对他很生气。此时吴尔愉却亲切地为他服务，并且让空姐们想想如果自己也得了皮肤病，是否会比他还暴躁。在她的劝导下，大家都细心照顾起这位乘客来。

做自己情绪的主人，是吴尔愉生活的准则，也是她事业成功的秘诀。以她名字命名的"吴尔愉服务法"已成为中国民航首部人性化空中服务规范。能适度地表达和控制自己的情绪，才能像吴尔愉一样，成为情绪的主人。人有喜怒哀乐不同的情绪体验，不愉快的情绪必须释放，以求得心理上的平衡。但不能过分发泄，否则，既影响自己的生活，也会在人际交往中产生矛盾，于身心健康无益。

当遇到意外的沟通情境时，就要学会运用理智，控制自己的情绪，轻易发怒只会造成负面效果。

累了，去散散步。到野外郊游，到深山大川走走，散散心，极目绿野，回归自然，荡涤一下胸中的烦恼，清理一下混乱的思绪，净化一下心灵尘埃，唤回失去的理智和信心。

唱一首歌。一首优美动听的抒情歌，一曲欢快轻松的舞曲或许会唤起你对美好过去的回忆，引发你对灿烂未来的憧憬。

读一本书。在书的世界遨游，将忧愁悲伤统统抛诸脑后，让你的心胸更开阔，气量更豁达。

看一部精彩的电影，穿一件漂亮的新衣，吃一点最爱的零食……不知不觉间，你的心不再是情绪的垃圾场，你会发现，没有什么比被情绪左右更愚蠢的事了。

生活中许多事情都不能左右，但是我们可以左右我们的心情，不再做悲伤、愤怒、嫉妒、怀恨的奴隶，以一颗积极健康的心去面对生活中的每一天。

第七章

我们为何总是情绪化

接受并体察你的情绪

　　每个人的情绪都处于不断变动的状态中，有兴奋期就不可避免地有低潮期，掌管和控制情绪之前应该先去接受和体察它。情绪变化是有规律的，只有接受和体察，才能真正地顺应内心、帮助内心回归平和。

　　当然，不同的人处理情绪的态度不同，但是大家有一个普遍的共识：情绪不能压抑，压抑会导致各种心理障碍，也会导致某些疾病的产生。因而针对情绪化的人，心理学家建议他们对待情绪的基本态度就是承认和接受。

　　平时，方女士对同事和对身边的朋友都非常友好，从来不和别人发生冲突，大家都觉得她是一个脾气温和的人。

在别人眼里，她温柔又和善。但回到家里，她往往会因芝麻大小的事就对丈夫大发脾气，甚至会摔东西。丈夫对此也很无奈，非常不开心，觉得她很难让人接受。

面对自己阴晴不定的情绪，方女士非常痛苦。其实，丈夫对她很好，她也很爱丈夫，但她又害怕丈夫会因自己的情绪而离开她。有时候，她也非常受不了自己，可是当发脾气的时候她却无法预计和控制。很多次，她都告诉自己的父母和丈夫，但他们都说是她自己没有克制能力。对于他们对自己的不理解，方女士很苦恼，于是，她尝试去看心理医生。

心理医生分析了方女士的情况，又咨询了一些关于她成长的事情，最后终于找到她情绪化背后的根源：由于孩提时父母离异，方女士非常敏感但又异常依赖身边的亲人，脾气暴躁。医生为她提出一些改变情绪化的建议，并告诉她要悦纳自己的情绪，才会便于改善情绪。

很多人的情绪化原因都产生于孩提时代。孩子总是被大人引导，使他们将自己最直接的情感与不愉快的事情相联系：孩子可能会因哭闹受到处罚，也可能因嬉闹而受到处罚。揭开情绪的面纱时，自己总是能找到导致情绪化的原因。不能公开地表达自己的情感，但起码可以承认它们的存在。要承认它们存在的最基本的一步就是允许自己体验情感，允许自己出现各种情绪并恰当表达它们。

体察情绪的第一步，就是要正视它。情绪不会凭空消失，存在就是存在，它不可能因为你的否定而消失。相反，一味地否定只能让情绪潜藏在意识里，可能会带来更坏的影响。每个人都有发泄情绪的权利，如果不敢承认情绪的存在，可能也就不敢发泄情绪，盲目压抑情绪对个人的身心发展非常不利。

其次，可以采取"情绪反刍"或是"寻根溯源"的方法来认识自己的情绪。要沿着自己的心灵发展轨迹，溯流而上，用当前情绪去联想更多的情绪状态，慢慢体味、细细咀嚼自己的各种情绪经历，并询问自己当时如果没有产生这种情绪会是一种怎样的情形。这样可以使人变得心平气和。

再次，学会养成体察自身情绪的习惯。也就是时时提醒自己注意："我现在有怎样的情绪？"例如，当自己因同事的一句话而生气，不给对方解释的机会，这时就问问自己："我为什么这么做？我现在有什么感觉？"如果察觉自己只对同事一句无关紧要的话就感到生气，就应该对生气做更好的处理。有许多人认为："人不应该有情绪"，因而不肯承认自己有负面的情绪。实际上，人都会有情绪，压抑情绪反而会带来不良的结果。

最后，缓解和调理自己的情绪。觉察自己情绪的变化，能更清楚地认识自己的情绪源头，也有助于理解和接受他人的错误，从而轻松地控制消极的情绪，培养积极的情绪。疏解和调理情绪，也需要适当地表达自己的情绪。

接受并体察你的情绪，不要拒绝，不要压抑，勇敢地面对自己的情绪变化。在情绪转好之时，抓住机会，投入到有意义的事情中去。

正确感知你所处的情绪

知觉与评估情绪的能力是心理学上两类最基本的情商，也是衡量一个人情商高低的最基本的要素。通常来说，低情商者对自己及他人的情绪感知能力弱，容易导致情绪失控；而高情商者对自身的情绪能够做理智的分析，其实对自身情绪的评估能力越强，越有利于问题的解决。但往往有很多人，对自身的情绪很难把握，对此，可以从心理状态加以分析。

著名心理学家约翰·蒂斯代尔提出的"交互性认知亚系统"理论是一种以正念为基础的认知疗法理论，该理论认为人一般有三种心理状态：无心／情绪状态、概念化／行动状态、正念体验／存在状态。

无心／情绪状态指人们缺乏自我觉知、内在探索与反思，一味沉浸到情绪反应中的表现；概念化／行动状态则指人们不去体验当下，只是在头脑中充满着各种基于过去或未来的想法与评价；正念体验／存在状态才是最为有益的心理状态，它是指人们去直接感知当下的情绪、感觉、想法，并进行深入探索，同时对当下的主观体验采取非评价的觉知态度。

进入正念状态需要高度集中注意力去关注当下的一切，包括此时此刻我们的情感和体验，而不应当将自己陷入对过去的纠缠或是未来的困惑中，对现在的情绪有所评判和排斥。接受发生的一切，关注当下的感受，才能发挥"正念"的透视力，达到认知自我情绪，主动调适，从而反省当下行为进行调节以增加生活乐趣的目标。

那么，如何将心理状态调整为正念体验／存在状态，这需要我们平时就应该进行正念技能训练。根据莱恩汉博士的总结，正念技能训练包括"做什么技能"和"如何去做技能"两大类别技能训练。

第一，"做什么"的正念技能包括观察、描述和参与三种方式。

例如，当生气时，留意生气对身体形成的感觉，只是单纯去关注这种体验，这是观察，观察是最直接的情绪体验和感觉，不带任何描述或归类。它强调对内心情绪变化的出现与消失，只是单纯去关注，而不要试图回应。

用语言把生气的感觉直接写出来即是描述，如"我感到胸闷气短""心里紧张、冲动"，这都是客观的描述，描述是对观察的回应，通过将自己所观察到或者体验到的东西用文字或语言形式表达出来，对观察结果的描述不能有任何情绪和思想的色彩，要真实、客观。

对当前愤怒的感受和事情不予回避，这是参与，参与是指全身心投入并体验自己的情绪。

在特定的时间内，通常只能用其中一种来分析自己的情绪，而不能同时进行，用这三种方式去感受自己的情绪，有助于留意自身情绪。

第二，"如何去做"的正念技能包括以非评判态度去做、一心一意去做、有效地去做。这些技能可以与观察、描述、参与三种"做什么"正念技能的其中某一项同时进行。

以非评判态度去做，应当关注正在发生的一切，关注事物的实际存在，而不需要进行评价。仍以愤怒为例，当生气的时候，"应该""必须""最好是"停止或继续发怒的想法都是有评判色彩的语气。对于愤怒应当去接受而不需要去评判。

一心一意去做，就是要集中精力去关注思考、担忧、焦虑等情绪。美国宾州大学心理学教授托马斯认为由于人总不能把握现在和关注此刻，容易产生焦虑和抑郁的情绪。基于此，托马斯发展了专治慢性焦虑症的心理疗法。"当你在焦虑时，你就专心焦虑吧。"他要求患者每天必须抽出 30 分钟时间在固定的地点去担忧自己平时担忧的事。在 30 分钟之内，患者必须全神贯注担忧，30 分钟之后，则要停止担忧，并要警告自己："我每天有固定的时间担忧，现在不必再去担忧。"

有效去做，就是要让事情向好的方向发展，以有效原则衡量自己的情绪，可以避免感情用事，防止因为情绪失控而做出不恰当的事、说出不负责任的话。

我们通过每天的情绪变化去积极主动地调适自己的心理。可以在情绪激动时能及时察觉与反省自己的当下行为，学会控制自己的情绪，使自己在面对痛苦的时候心情有所缓解，恢复快乐。只有学会"感受"自己的感受，方能让自己在处理负面情绪时游刃有余。

运用情绪辨析法则

"知己知彼，方能百战不殆。"在情绪的战场上，首先要了解自己的情绪，才能保持好情绪、战胜负面情绪。我们不自知的种种心理需求，乃至内心理念以及价值观，都可以通过自身不同的情绪反映出来。因此，要做到"知己"，首先要准确地做出自我情绪辨析，只有如此，才能够有的放矢地解决情绪问题，保持身心健康。

心理学家温迪·德莱登将所有情绪统分为两大类——正面情绪与

负面情绪，又将负面情绪进一步细分为健康的负面情绪和不健康的负面情绪。

德莱登认为，健康的负面情绪是由合理的信念引发的。它促使人们正确地判断所处的负面情境可以改变的可能性，从而理智地做出适应或改变的行为。健康的负面情绪导致的结果是正面的，它引发思维主体进行现实的思考，最终解决问题，实现目标。

不健康的负面情绪是由不合理的信念引发的。它会阻碍人们对不可改变的环境做出判断以及对可以改变的环境进行建设性改变的尝试。不健康的负面情绪导致的歪曲思维会阻碍问题的解决，最终阻碍目标的实现。

大多数人可以准确地判断自己的情绪属于正面的情绪还是负面的情绪，但对很多人而言，如何才能判断当前的负面情绪是否健康是有一定困难的。以担心和焦虑这两种负面情绪为例，由德莱登的定义可知，在信念的来源上，担心源于合理的信念，这种情绪会导致行为主体正确地面对威胁的存在，并想办法寻求让自己安心的保障；而焦虑来源于不合理的信念，这种情绪会导致行为主体不愿意面对甚至逃避威胁的存在，从而寻求那些并不能使行为主体安心的保证。

每个健康的负面情绪，都有一个不健康的负面情绪与之相对应。类似的，德莱登还列举了悲伤、懊悔、失望、悲哀等情绪作为健康的负面情绪的典型代表，列举了抑郁、内疚、羞耻、受伤等情绪作为不健康的负面情绪的代表。而以上情绪都是两两对应的，如悲伤和抑郁，前者是健康的负面情绪，后者是与之相对应的不健康的负面情绪。

判断一种负面情绪是否健康，最本质的区别在于健康的负面情绪来源于合理的信念，而不健康的负面情绪来源于不合理的信念；同时也可以根据情绪强度来判断：大多数不健康的负面情绪都强于健康的负面情绪，如焦虑的最大强度大于担心的最大强度。

除此之外，健康的负面情绪和不健康的负面情绪，二者所导致的情绪主体的应对行为以及行为趋势也有显著差别，换言之，当人们出现情绪问题时，不仅有可能体会到两种不同的负面情绪，而且会由此导致完全不同的有建设性的或无建设性的行动，这种行动可以是真实的也可以是"意愿中"。

举例来说，抑郁的情绪会使人持续回避自己喜欢的活动，而悲伤的情绪会使人在哀伤过后继续参与自己喜爱的活动。同样的，内疚只会使人被动地祈求宽恕，而懊悔会使人主动地要求对方的宽恕。受伤使人被愠怒充斥头脑，忘记理智，而悲哀会使人更加果断地判断事物，理清头绪。羞耻会使人采取鸵鸟战术，以回避他人的凝视来逃避关注，而失望仍能使人正确对待与他人的目光接触，与外界保持联系。

不健康的愤怒会使人仪态尽失、出言不逊甚至诋毁他人，健康的愤怒会促使人果断处理眼前的麻烦，仅关注自己被不当对待的事实而不会迁怒于他人。不健康的嫉妒会使行为主体怀疑他人的优势，而健康的嫉妒会以开放的态度去学习他人的优点以提高自己。与之相似的，不健康的羡慕打击他人进步的积极性，而健康的羡慕会依此为动力鞭策自己获取类似的成功。

在我们经历情绪的变化时，不仅能够判断出自己所经历的是正面的情绪还是负面的情绪，而且能够准确地分辨出其中的负面情绪是否健康，并能分析出此情绪的来源以及可能导致的后果，我们就能真正达到"知己"的境界。

了解我们自身的情绪模式

心理学上有一个定义称为情绪模式，它是指在外界持续刺激的影响下，逐渐形成的固定的连锁情绪反应路径与行为结果。通俗地解释，即"每当……时（外界刺激），我的心情就会……（情绪反应），结果我就会……（产生行为结果）"。例如，每当有女同事穿了漂亮的新衣服，"我"就会认为自己的身材不好，穿同样的衣服肯定没有那样的效果，心情就会很低落，结果整天避免和穿新衣服的女同事正面接触。

情绪模式起因于人类大脑的应激功能和记忆功能。如果对于外界刺激的应对方式被持续使用，大脑和身体的网络系统就会发生作用，将这种应对机制模式化，生成固定的链接，从而形成情绪模式——面对相同事物时产生相同的情绪、思维和行动。

情绪模式有以下特点：

其一，情绪模式的形成源于相同的刺激源。每当遇到同样的情境，人们就会产生相似的情绪并导致相似的行为结果；

其二，情绪模式的形成是一个循序渐进的过程，经过多次相同的外界环境的刺激，情绪模式才会形成；

其三，情绪模式的反应速度极其迅速。它具有"第一时间反击"的特点，一旦形成后，再遇到外界相同的刺激源时就会以主体察觉不到的速度快速启动。

情商理论中有种现象叫作"情绪绑架"，是指已经形成的情绪模式阻碍了大脑的理智思考，强制启动应激行为作为对情绪的反应。这是因为情绪模式一旦形成就很难改变，这也是为什么常常会听到有人说"我不知道为什么当时那么伤心，以致做出那么傻的举动"，"我那时候就是忍不住对平时很尊敬的老师大吼大叫"的原因。由此可见，"情绪绑架"对情绪主体是弊大于利的。

人们一直致力于摆脱"情绪绑架"，而成功的关键就在于识别自身的情绪模式，找到病因，对症下药。但是情绪模式经过日积月累已经成为我们潜意识的一部分，行为主体很难站在客观的角度将其识别出来。可以根据以下几个步骤来有意识地察觉自己的情绪变化及其引起的连锁反应，以及最后自己采取的行动，从而识别出自己的情绪模式。

步骤一，记录情绪变化。有意识地关注自身情绪变化，包括变化的原因及变化引发的影响。察觉到这些之后要及时准确地加以记录。

步骤二，自我情绪反省。充分利用步骤一的成果——情绪变化记录表，观察自己历次情绪变化的诱因是否值得，情绪反应的行为是否得当。如果造成的是积极的结果，要告诉自己努力保持，如果造成的是消极的影响，要及时提醒自己消除不良情绪的滋长，将其扼杀在萌芽状态。例如，发现自己总是为衣着打扮等外在因素而嫉妒身边的女同事，从而与其疏远，那么经过反思之后遇事就要用包容的心态去思考，要让自己提高内在素养，摒弃对虚无外表的追求。一段时间过后，你会发现自己从前对身外之物斤斤计较的想法是多么可笑和不值得。

步骤三，倾诉不良情绪。"不识庐山真面目，只缘身在此山中。"由于情绪模式已经固化在我们的头脑和神经系统中，难以自我察觉，所以，我们可以求助于他人来捕捉自己的情绪变化。可以先与家人和好友沟通，请他们在自己情绪变化时及时告知。观察的方法可以通过日常沟通中的面部表情、肢体语言等流露出的潜意识来判断你的情绪变化，从而追踪到你情绪变化的诱因和由此导致的行为结果。你可以根据他人的意见来了解自己内心真实的想法。

步骤四，测试自身情绪。我们可以通过专业的情绪测试工具或咨询专家来发现自己的情绪模式。看似与情绪问题相距甚远的测试问卷或者专家的漫无边际的访谈，却可以借助科学的手段准确地了解你情绪模式的病症所在。

当然，以上四个步骤的最终目的是发现问题，解决问题。我们发现了自己的情绪模式之后就可以将其一一列出，并且在每天的日常生活中逐项加以克服，坚持这样一个循序渐进、由浅入深的过程，我们就可以达到摆脱"情绪绑架"的最终目的了。

情绪同样有规律可循

人的情绪如同眼睛一样，也有自己看不到的"盲点"，通过了解自己的情绪盲点，从而把握自身的情绪活动规律，可以最有效地调控自己的情绪。

情绪盲点的产生主要是由于以下 3 个方面的原因：

（1）不了解自己的情绪活动规律；

（2）不懂得控制自己的情绪变化；

（3）不善于体谅别人的情绪变化。

其中，能否把握自身的情绪规律是情绪盲点能否出现的根源。

认识到情绪盲点产生的原因，我们便需要从原因入手，从根源上把握自身的情绪规律。这就需要从以下几个方面加强锻炼以培养自己与之相应的能力：

1. 了解自己的情绪活动规律，培养预测情绪的敏锐能力

科学研究证明人都是有情绪周期的，每个人的情绪周期不尽相同，大概为 28 天，在这期间内，人的情绪成正弦曲线的模式：情绪由高到低，再由低到高。在人的一生之中循环往复，永不间断。

计算自己的情绪节律分为两步：先计算出自己的出生日到计算日的总天数（遇到闰年多加 1 天），再计算出计算日的情绪节律值。

用自己出生日到计算日的总天数除以情绪周期天数 28，得出的余数就是你计算日的情绪值，余数是 0 或接近 14 和 28，说明情绪正处于高潮和低潮的临界期；余数在 0～14 之间，情绪处于高潮期，余数是 7 时，情绪是最高点；余数在 15～28 之间，情绪处于低潮期，余数是 21 时，情绪是最低点。

由此可以看出，情绪有高低起伏，我们不要认为自己会永远处在情绪高潮期，也不要觉得自己会一直处于情绪低潮期，在情绪好的时候提醒自己注意下一阶段的低落，在情绪低落时告诉自己会慢慢好起来的。我们所吃的东西、健康水平和精力状况，以及一天中的不同时段、一年中的不同季节都会影响我们的情绪，许多人虽然重视了外在的变化对自身情绪的影响，但却忽视了自身的"生物节奏"，其实，通过尊重自己的情绪周期规律来安排自己的学习和生活，是很有必

要的。

2. 学会控制自己的情绪变化，坦然接受自身情绪状况并加以改进

想要控制自己的情绪变化，首先要对自己之前的情绪经历做一个简单梳理，从之前的经验来寻找自身情绪的活动规律。同样的错误不能犯第二次，这正是掌握情绪活动规律后得到的经验。一个有敏锐感知能力的人能够在自己一次的情绪失控中回顾反思，总结、评估事情的前因后果，并最终达到提升自己情绪调控能力的目的，毕竟，情绪的偶尔失控和爆发是一种正常的现象，但倘若情绪失控成为常态，则不是一件好事。

想要控制自己的情绪变化，还需要对自己的情绪弱点做一个分析总结，去认识自己的情绪易爆点在哪里，情绪失控的事情可能会是什么，事先考虑好如果再次遇到同种情形所需要选择的应对方式。这样可以在事先做好准备，及时采取应对措施，防止情绪失控之后的被动解决所导致的追悔莫及。

3. 学会理解他人情绪和行为，同时反省自己

人际交往中，理解的力量是伟大的，但在通常情况下，虽然人们希望得到别人的理解，希望别人能够理解自己的情绪和行为，却往往忽视了理解别人。这就是为什么人的情绪出现盲点的外在原因。

理解他人的需求、情绪和感受等有助于增添交流的共同话题和认同感，有助于彼此之间形成和谐健康的人际关系。并且，通过对别人情绪的反观来看自己的情绪变化和体验，可以清晰地了解自己，从而把握自身的情绪节律和促进自身情绪状况的改进。

用默剧的方式获知他人情绪

卓别林表演的默剧电影想必大家都有所了解，虽然电影中人物没有说一句话，全部是用肢体动作代替，但人们仍然可以轻松地读懂剧中人物的喜怒哀乐和生活情况，这种别样的表演方式给人们的是特殊的享受，其实，我们在观看的时候，正是通过观察剧中人物的表情和行为觉察到他们的情绪。

人的情绪智力（情商）是一个包含着多个层面、内容丰富的概念。心理学家戈尔曼博士通过大量的实验证明：情绪智力的五大构成要素包括情绪的自我觉察能力、情绪的自我调控能力、情绪的自我激励能力、对他人情绪的识别能力和处理人际关系的能力。其中，对他人情绪的识别能力作为一项重要的能力，是在情感的自我知觉基础上发展起来的。它通过捕捉他人的语言、语调、语气、表情、手势、姿势等可以快速地、设身处地地对他人的各种感受进行直觉判断，是一种重要的情绪感知力。

在生活中，我们也应该如同看默剧一般，尝试培养感受别人情绪的能力，一个情商很高的人可以敏锐地觉察到别人身体行为所透露的信息，通过觉察他人的情绪来对其心意进行合理解读。

这就如同我们做一个默剧游戏的过程：要求是尽量避免听到别人的声音，而只是通过观察别人的表情和行为来判断情绪。在默默无语的过程中，你需要掌握一些辨认表情的诀窍。脸部有几个部位是展现情绪的重要区域：嘴角、嘴型、眉毛、眼角、眼睛、额头。这些区域对于辨认某些情绪特别重要，比如从嘴巴的表情观察人的厌恶和喜悦情绪，从眉头和额头去辨别这个人悲伤或是恐惧的情绪，等等，肢体语言和所隐含的情绪之间往往存在着照应，如：

肢体语言	所隐含的情绪
脸红、紧闭双唇、交叉手臂或双腿、说话快速、姿势僵硬、握紧拳头等	生气
紧闭双唇、皱眉、斜眼看人，一边嘴角翘起、摇头、转动眼珠等	怀疑
交叉双臂或双腿、躲避眼神、呼吸加快、身体面对对方，沉默	敌意（防御性）
眼光游移、身体斜靠、胡乱涂鸦、身子往一旁倾斜以避开某人目光、打呵欠、玩弄纸笔	无聊
乱瞟、不断玩弄他物、流汗、突兀地笑，抖腿、姿势僵硬	紧张

当然，需要注意的是，肢体语言和情绪对照并不是绝对一致的，我们不能通过一个简单的肢体行为武断地判断一个人的情绪，要通过整体的动作行为来判断一个人的当前情绪。

识别他人的情绪是建立良好人际关系的基础，通过了解自己、了解他人，使人们相互理解，人与人和谐相处，这有助于建立良好的人际关系。但遗憾的是，生活中，绝大多数人都不善于去理解别人的情绪，只是能够注意到肢体或面部的大致表情，而不能够对眼神暗示、细微表情和下意识动作有所关注，除非这种情绪表现得特别明显或激烈。因此，在平时交流中，要想解读别人暗含的信息，不妨培养自己敏锐的情绪识别力和感知力。学会察言观色，方能在人际交往中如鱼得水。

第八章

探究我们的情绪发生

善于运用情绪的自动发生系统

我们的情绪一般都是自发的，也就是情绪反应受潜意识支配。我们每个人的身体里都有一套自动的评估体系，它如同敏锐的雷达，对我们周围的世界进行着随时随地的监控，关注着与我们自身利益休戚相关的事件。

每个人都有自己的潜意识，也就是下意识、本能的反应。情绪产生的一个重要的途径就是潜意识，潜意识和意识共同支配着人类的各种情绪。但人的思维和潜意识是相互分离的，二者之间存在着交锋，现实情况往往是，潜意识的力量通常被我们忽视。通过潜意识的作用，人类自身产生不由自主地生理反应，由此导致情绪的瞬间改变。在自动评估系统下，潜意识造成的情绪通常是突如其来的，从形成到外在表现，时间相当短。另外，在某一段时间之内，人们往往无法接受不符合当下情绪的任何信息，进入情绪的不反应期，这个时候也容易造成情绪的恶化。

作为一个现代人，要从以下两个方面提升你的情绪调控能力：

1. 要懂得把握关键的 6 秒时间差

情绪产生于不经意间，从开始被刺激到爆发，知觉的评估完成速度非常快，在意识还没有觉察之前便已经结束。因此，事情过去之后很多人会疑惑当时的自己正在做什么，为什么会选择那种情绪。

情绪的自动评估反应机制发生的时间大约为 6 秒。只有在这 6 秒钟过去之后，大脑的边缘系统才能将情绪传递给脑皮质，使情绪与思考得以链接。而在这 6 秒钟期间，无论威力多么巨大的强迫性思维也赶不上情绪的瞬间爆发性。

如果我们在这 6 秒钟之内不妄加行动，防止自己在情绪控制下产生的冲动，把握这 6 秒的时间差，就可以让情绪和思考进行沟通，从而不至于做出情绪化的决定导致以后的后悔。

2. 要冷静躲避自己的情绪不反应期

人都有情绪周期，有很多时候，情绪周期中会出现意外的低落时刻，在心理学上，称为"情绪的不反应期"，又称情绪过滤理智期。这段时间内人们无法接受不符合当下情绪、无法持续原有情绪、不能将情绪合理化的信息，容易陷入不适当的情绪。当情绪压过理智时，人们会以自己的直接体验来感受所发生的事情，并且想办法去证实它以保持自身的情绪，从而强化自己的情绪反应。这既忽略了周围不符合当下情绪的新信息，又限制了我们处理事情的能力，导致一味地陷在情绪化的反应中无法自拔。

　　生活中正是由于很多人不了解自己的情绪周期，才容易反复陷入情绪化的反应之中。想要有效调控自己的情绪，就必须警惕自己的"情绪的不反应期"，通过多种方式去了解自己容易在什么情况下、发生什么事情时可能进入情绪的不反应期，将有助于我们解决问题。

　　情绪的自动评估在日常生活中，对个人情绪的调节起着微妙的作用。把握情绪关键期的 6 秒时间差可以暂时防止情绪失控，冷静躲避情绪的不反应期可以避免情绪持续恶化。通过这两种方式，我们可以试着控制自己的情绪向良性方向发展，使情绪的自动评估更为合理化。

给你的情绪留一个思考空间

　　既然情绪有爆发的可能，我们就要在此之前先让自己冷静而理智地分析，而后再选择表达何种情绪，这就是思考性评估机制。思考性评估为思维预留了空间，有助于防止对发生的事情做出错误的判断，这种习惯是个人素养的一种体现，也为情绪判断提供了缓冲的时间。

　　运用思考性评估进行情绪调控的时候，需要记住"该不该""值不值""有没有用""如何超越"等几个关键点。如，当有人顶撞你的时候，不妨运用以上几个关键点对自己的情绪进行分析。先试着想，对方顶撞自己，自己是否应该产生情绪；如果自己没有做错什么，按理说可能会生气。而后问问自己为当前这件事生气是否值得，如果产生的情绪发泄出来对于问题的解决于事无补，就应该考虑是否换一种情绪。对于应该产生的，值得发泄的情绪，也需要评估它是否有用。

如果情绪发泄之后，心情在短时间内可能会舒畅，但却引发双方更大的情绪，这样既不利于矛盾的解决，又给自己造成了更大的麻烦。遇到这类情况便需要思虑再三，再选择巧妙的处理方式来平复双方的情绪。情绪的反应得当有利于促进双方问题的解决，以及双方关系的友好发展。

如，在公司上下级交流的过程之中，作为领导，当听到员工带来的坏消息时，可能会产生愤怒、焦虑等情绪，从而形成情绪的本能反应是指责员工办事不力。但如果在这种情绪爆发之前运用思考性评估对情绪进行分析，通过以上几个关键点的思考来对当前事情进行深入体验，或许会意识到员工本身并非有意犯错。可能员工的出发点也是为公司考虑，但却事与愿违，员工对事情的结果也充满愧疚和不安。通过这样思考，领导与员工的交谈或许就能以一种积极的态度来处理和解决了。如果再加上领导鼓励和安慰的话语，或许员工还会心存感激。

当遇到问题的时候，即使情绪爆炸快要到达极点，也需要先平静下来，拿出纸和笔进行一番理智的分析。这样，原本将要产生的不健康的负面情绪就有可能平复，代之而来的是健康的负面情绪或是积极的正面情绪，同时，真正科学合理的思考性评估反应模式首先需要建立科学合理的认知。心理学曾对情绪的产生存在着两种认知的误区：一种认为情绪的产生是受环境刺激的影响，另一种认知则认为情绪是生理因素导致的。在 20 世纪 70 年代初，美国心理学家沙赫特和辛格所做的心理实验打破了这两种认知：

心理学家告诉所有参加实验的人，这个实验是要考察一种无毒副作用的新型维生素化合物对视力的影响效果。然后将参加者分为实验组和控制组。给控制组的参加者注射的是生理盐水，给实验组注射的是肾上腺素，肾上腺素容易使人产生心悸、颤抖、灼热、血压升高、呼吸加快等典型的生理唤醒特征。

心理学家又将实验组的参加者分为三个小组，对告知的一组说，他们所注射的药物会导致心悸、颤抖、兴奋等反应；对未被告知的一组说，药物是温和无刺激的；最后对误告知的一组说，药物会导致全身麻木、发痒和头痛。

最后，人为安排两个场景："欣喜"情境与"愤怒"情境。所有实验组的参加者进入之后，实验证明，三个小组的实验参加者有一半进入"欣喜"情境，另一半进入"愤怒"情境。未被告知和误告知的一组倾向于追随别人的情绪变得欣喜或愤怒，告知组能够正确解释自身的生理状态，可以安静等待、毫不理会外在情绪。控制组没有经受生理唤醒，也很安静。

由此可知，生理因素和环境因素都对情绪有影响，但均不能单独决定情绪的发生，事实上，两者共同起着作用。建立一个对人物和事件的合理认知是进行情绪管理的根本途径，也是形成快速、敏捷、科学的思考性评估反应的基础。我们需要在平日里多加训练，为自己的思维留出更多时间，让自己有机会有意识地防止对事情做出错误的判断。

回忆也能存储情绪经历

有时候，人们会感觉许多过去的问题总是时不时地困扰着自己。其实，这是源于对过往的负面情绪体味过多所形成的困扰。任由记忆中的负面情绪在脑海中回旋，这对当前的心境有害无益。

要防止负面记忆对情绪产生影响，有效地利用情绪和记忆之间积极影响的一面，具体有以下几个方法：

首先，在情绪平稳时，回忆以前的情绪状态。

人在特定的场景下更容易引起相似的情绪状态。如，当你又一次没有通过考试时，就很容易联想起上一次的相同情绪体验，也就是上一次因考试失败而产生的负面情绪，那么负面情绪就会加重；而当自己被领导表扬时，就会联想到上一次被领导表扬时自己高兴的情绪，则情绪就会更加高涨。同样，面临同一处场景，心情不同的时候，观看的感受也不尽相同。当这些场景与人们的心境相契合的时候，便容易产生深刻印象，当人们对它没有感觉的时候，记忆也显得相对模糊。

处于强烈情绪反应中的人很难对回忆做出客观的评价。由于记忆与情绪之间的可选择性，比较明智的做法是，选择心情平静的时候回忆过去的情绪。心平气和，分析才能变得理性，才能通过分析帮助自己把握现实、畅想未来。

其次，用崭新的角度看问题——培养积极的心境与情绪状态。

"心境一致记忆"的观点认为个体经历了同一种特殊的心境后，在以后接触事物时总是会倾向用与之前相同的心境去解释这种现象，通过先前的情绪记忆联想，这些事物将被纳入已有的情感模式中。"心境一致记忆"的偏好使得一个人对于同一件事情，不同的心态导致不同的情绪状况，在以后引发的回忆也大不相同。如果试着转变心境，换一个崭新的角度看待问题，形成的情绪状态便会是全新的。

再次，用"控制情境刺激"唤起积极的情绪体验。

所谓"控制情境刺激"，就是指为了减少环境中容易唤起某种情绪记忆的刺激而对当下的情境进行控制的方法。心理学研究证明：依赖于个体的自尊状况除了有"心境一致记忆"之外，还有"心境不一致记忆"，悲观抑郁的人在消极的情境中更容易引起消极的回忆，形成恶性循环；而乐观自信的人在积极的环境中更容易产生积极向上的情绪，即使在消极的环境中，他们也会利用自身的情绪调节产生积极的认知。

因此，对于容易有消极情绪的人来说，选择避开让自己产生不良情绪的环境，寻找一个恰当的新环境，从而唤起自己的新的独特的情绪体验，同时通过有意识地转移话题来分散个人对不良情绪的注意力，是调控情绪的重要方法。

总的来说，情绪与记忆之间有着密切的联系，回顾过去的经历是情绪产生的途径之一。记忆可以带我们回到过去的经历，体味过去的情绪。经历过的事情会和当时的情境及产生的情绪一起留在人的脑海中，当人们再次回忆时，似乎回到了与当时情境一致的感觉，所有的情绪和体验都可能被唤醒。

不可否认，对经历的体验虽然有些时候能够通过回忆获得当时的感觉，但有些时候也许会产生不同的感觉，比如一个人对某件事情当时感到愤恨，事后回忆起来有可能为此懊悔和自责。然而，情绪整体感觉的大方向不会变化，喜悦的心情不会变成悲伤。正如忧伤不可能转化为兴奋，愉悦的记忆带给我们的是积极乐观的情绪。这就是人为什么喜欢回忆小时候的事情，因为童年在人的整个记忆中是最快乐、最无忧无虑的时光。但当人们回忆起在社会上遭遇的各种不平等待遇时，恐怕不会那么轻松。

勾勒一个美丽的情绪幻境

积极的想象对于消除负面情绪、减轻心理压力有着不可估量的作用，无数心理学实验都证明了精神想象的力量。如果人们通过想象恰当地唤醒真正的情感，并付诸行动，可以改变原来不愉快的心情和不良的行为习惯。如，在与朋友将要出去旅游的时候，想象大家在一起的愉快场景；在考试将要来临的时候，想象自己答题时的自信与速度；想象未来的美好生活而后积极努力地为之奋斗，等等。

身体亚健康者通过想象勾勒自己一些健康生活场景，有利于消除他们对医生忠告的抵触心理，积极地采纳医生建议；患者可以通过运用主观意念进行积极的想象和思维，创造积极乐观的情绪以取代各种不良的情绪，提高身体内部的免疫力，从而以一种积极的心境抑制疾病的发生或恶化，战胜病魔，获得健康的身心。

运用"精神想象"的方式来调控情绪、治疗疾病，在国际国内的心理疗法中并不罕见，其中"想象意念法""想象放松法"两种方式比较流行。

1. 想象意念法

想象意念法的实施步骤分为五步：放松、入静、聚气、充盈、排浊，具体做法如下（见下页表）：

步骤	具体方法
放松	闭上眼睛,用舌尖抵住上颚,从头到脚、循序渐进地松弛全身的各部分关节和肌肉,使全身都处于放松的状态
入静	将注意力由外向内回收,使之不受外界的干扰和影响,做到大脑放松的真正入静
聚气	想象世界上拥有激活万物的"生命之气",用意念的力量将这种"生命之气"聚合到自己的头顶上方
充盈	通过意念,想象这股气息通过头部的百会穴摄入自己的生命体内,并充盈着身体的每个角落,温暖身心
排浊	充满能量、光明和活力的生命之气贯入身体的每个角落之后,体内的污浊之气便难以容身,通过想象和意念,我们将这股浊气通过脚下的涌泉穴排泄出去

2. 想象放松法

想象放松法与想象意念法有一些不同,后者是通过全身心意念的力量为调控情绪服务,前者则是通过想象一些轻松愉悦的场景来调节情绪,且通常结合一些暗示、联想等方式使自己感到舒适和惬意。

在进行"想象放松法"之前,不妨准备一些现成的"想象图片库"，将自己认为能够引起自身愉悦情感的美好图片保存到一个相册里，比如自己曾经旅游的优美的风景图片，与亲人朋友在一起开心时刻的留念，等等。这样，翻开图片，你就能够回想起当初的点滴快乐，自己的情绪也会在不知不觉中好转。

想象放松法还有一个方式：冥想。通过想象自己身处某一个场景，达到自我放松的目的。例如在炎热的夏日想象自己在幽静阴凉的小树林，你会感受到全身比没有想象之前凉爽许多；在压力颇大的工作环境中想象自己在迷人的海滩散步，倾听着海风，或是想象自己在山中小屋休憩，这样放松有助于减轻自己的工作压力。

需要注意的是，进行"想象放松法"要使自己尽量放松下来，并尽可能地想象一个具体生动的场景，动用五官去全面感受，方能达到最好的效果。

想象意念法和想象放松法都是为自我情感的重塑和情绪的调控而服务的，是"精神想象法"的重要组成部分。想象是引发情绪反应的途径之一，通过想象使自己受到鼓励，既能够获得自信，又可以安定情绪。因此，在现实生活中，不妨想象一些场景使自己情绪得到缓解，以减少负面情绪的影响，为自身的好情绪增加一些美好想象的色彩。

学会向别人倾诉真实的你

日常生活中，当碰到困难或者烦恼的时候，人们大多会选择寻找倾诉对象，倾诉自己的各种遭遇。当正确有效地倾诉之后，一般都会有一种一吐为快、如释重负的感觉。这就是所谓的"情绪社会分享"

现象。

如果遭遇心理问题，合理宣泄很重要，适度的倾诉是保证情感健康和良好人际关系的有效方式。不过，凡事应有个度，整天逢人就倒自己的苦水，却完全不考虑对方的感受，就会成为朋友、同事眼中要躲着走的"麻烦"。在心理学上有个叫"倾诉综合征"的名词，就是专门指这种有倾诉饥渴的人。

为什么有些人会爱上倾诉呢？有个"病患获益"的理论，说的是当生病或是遭遇困难时，人们会获得来自亲朋好友的照顾与安慰。比如孩子生病时，平时无论多忙碌的父母也会多些时间陪在孩子身边，有些孩子领悟了这点后，为了让父母多陪自己，就会不停地"生病"。

同样，在倾诉这件事上也是如此。当倾诉者发现倾诉能换来家人朋友的同情关心时，就会迷恋上这种感觉，然后不停地倾诉。当然，这种人往往缺乏满足感。另外，国外专家发现伤心也可能上瘾。当亲人、爱人和朋友去世之后，人们总会感到伤心，有时甚至长期无法走出悲痛。神经学家指出，这其中的原因并不全是因为人类重情谊，还因为人脑会对这种伤心和悲痛"上瘾"。

想要警惕"倾诉综合征"，就必须要正确区分"正常倾诉"和"倾诉饥渴"之间的关系。那么，什么是正常倾诉和倾诉饥渴？所谓的正常倾诉就是为了解决问题或是获取解决问题的办法而采取的行动；倾诉饥渴则是为了倾诉而倾诉，只是想发泄自己情绪的行动。其实，两者之间最主要的区别就是遇到困难和痛苦的时候，是立刻找人倾诉，还是选择先自己努力消化，如果自己不能解决时再找人倾诉。

正常倾诉的人，获得了解决问题的办法，终于不再苦闷和烦恼，因而会非常放松；倾诉饥渴的人则是在不断地发泄中得到满足。其实要想充分发挥倾诉的功能，仅知道这些还远远不够，必须要掌握倾诉的技巧。总的来说，倾诉技巧的核心原则是在合适的时机找到正确的对象，用正确的方法进行倾诉。

首先，找准倾诉时机。可能有很多人会问，倾诉还需要时机吗？当烦恼、痛苦，或心情不好、情绪低落时，就找人倾诉。其实，在什么时候找人倾诉是很讲究的。合适的倾诉时机能够让你既能达到一吐为快的目的，还不至于惹人厌烦。

什么时候才是最合适的时机呢？第一，要弄清楚是否有必要倾诉。只有确实需要向别人倾诉的时候才可以倾诉。第二，要弄清楚倾诉的目的。倾诉是为了宣泄还是想从中得到一些意见和建议。第三，要弄清楚自己是否有充足的心理准备。只有做好了直面自我灵魂的准备，才可以进行倾诉。

其次，找对倾诉对象。做好了充分的准备，确实需要倾诉了。那么接下来就是找什么人倾诉的问题了。一般来说，倾诉对象应该具有以下四点：一是，能够提供意见和建议；二是，能够分享自己的体验；三是，对自己的遭遇比较关心和了解；四是，能够安抚自己。

大家平时习惯于找自己的亲朋好友倾诉，但是找什么样的亲朋好友也是非常讲究的。一定不能找喜欢搬弄是非的人倾诉，也不能找一些对你不了解，对你的遭遇无动于衷的人倾诉。最好找关心体贴你的人，或诚实可靠的人来倾诉。当然了，最好是去找心理咨询师，因为他们不仅能够保守你的秘密，还能通过对你的分析，进行合理有效地疏导和安抚。

再次，找对倾诉场合。有些人愿意向别人倾诉情绪，但是却没有选好场合。例如朋友一般在较为轻松的茶馆、咖啡馆里面对面倾诉，切忌在嘈杂的环境中，这样会加重你的负面情绪。恋人一般在私密性比较好的场所倾诉，彼此可以没有拘束，也没有第三者的影响。上下级之间的倾诉最好远离办公室这种场所，因为很容易带入工作情绪。

所以，选对倾诉场合也大有讲究，这一点要多注意。

最后，找好倾诉方法。找亲朋好友进行倾诉的时候一定要注意以下几点：第一，要实事求是、客观地描述自己的情况，不要有所隐瞒和夸大；第二，语言要得体，言辞要适当，不要太过情绪化和极端化，否则很有可能使倾诉走向反面，不仅达不到倾诉的目的，反而会产生负面效果。如果是找心理咨询师，一般不会产生这样的问题，专业人士会针对你的各种情况进行疏导的。

要想一吐为快必须要得法，不能一味地不顾别人的感受，更不能任意宣泄自己的情绪，而患上"倾诉综合征"。在正常倾诉的基础上，选择恰当的倾诉时机，寻找合适的倾诉对象，使用正确的倾诉方法，让自己的情绪彻底释放。

用表情带动你的积极情绪

心理学家经过测定，认为人的脸部表情和情绪之间是有关联的。情绪活动可以引起人的面部表情的变化，面部表情的改变信号很快传输给大脑，大脑又可以帮助人们确定这种情绪体验。不仅情绪影响面部表情的变化，表情也能直接导致情绪的改变。

艾克曼教授在西苏门答腊岛上的米南卡包进行的实验也证明了这

一点。他要求被试验者按照某些指令做出不同的表情，调查得悉很多人都因此出现生理变化，而且大多数人都能感受到这种情绪。比如微笑，当人们做出微笑的表情时，大脑会产生喜悦的情绪变化。

保持一种自然的面部表情可以反映内心真实的情绪，刻意做出的表情会导致人的自律神经系统发生改变，表情通过脸部肌肉的改变传递到大脑的感情中枢，大脑接收到表情信息后会分泌化学物质，而产生同表情一致的情绪感受，这些情绪感受传回大脑，又会加强脸部表情，形成循环。通过刻意做出的表情刺激大脑神经的表情中枢，来制造某种情绪，这种情绪虽然与自然情绪的产生动机不同，体验方式也不尽相同，但确实是一种有效情绪产生方式。

但是有些人觉得用表情带动情绪很难，当情绪发生的一瞬间，仿佛所有表情都很自然地与情绪配合，如果强制性变化自己的表情，整个人会有一种被扭曲的感觉。这是因为你还没有试着让自己轻松，先让自己的表情恢复到无表情，然后再慢慢做出能激发积极情绪的表情，就可以达到你想要的效果。以下几个动作可以让你产生积极情绪：

首先，保持微笑，嘴角上扬。

很多公司会要求员工保持微笑，这是招徕顾客的一种方式。员工不一定开心，但是他的微笑却能够让见到的人都变得心情愉快。同时，他们嘴角上扬，通过别人对自己微笑的反应，可以想到很多快乐的事情。一个人可以长得不够漂亮，但是至少可以拥有自信的微笑。如果一个人总是皱着眉头，心中自然充满悲苦困扰之感，也给周围的人带来压力和不安。学会保持微笑，这是对自己情绪的最简单的支持和鼓励。

其次，试着大声地打哈欠。

不知你有没有发现，当你打哈欠的时候，整个人的身心都能放松下来。这正是打哈欠的奇妙功效，随着嘴慢慢张大，污浊的空气被你排除，其实负面情绪也悄悄被排除了一部分。在你打完哈欠后，表情也显得较为自然，人也变得神清气爽。

如果在打哈欠的同时，伴随有伸懒腰的动作，效果将更好。试着做一做，你能感受到它的神奇效果。

实际上人都有情绪的高低起伏，始终坚持快乐的情绪并不是一件容易的事情，以上方法只是希望我们在生活中不要陷入低落的情绪中而走不出来，运用这些方法的宗旨是为了积极调动身体里的快乐细胞，使之处于活跃之中，只有打开心灵的窗户，才能真正拥有快乐的情绪，从而为自己的行动奠定良好的基础。

第九章

摸清情绪的来源

对人对己，情绪归因有不同

掌握正确的情绪分析法并加以运用，是进行情绪分析、评估的前提和基础。在分析他人的情绪时，应当充分运用合理的情境归因法；在分析自己的情绪时，则可以运用合理的个人归因法。在具体分析的过程中，很可能需要将两者结合起来，这样可以防止错误的情绪分析。以下是情境归因法和个人归因法的具体内容：

1. 运用合理的情境归因法分析他人的情绪

在对他人的情绪进行分析时，一般人都会表现出一种普遍的偏见，高估人格特质的影响，而忽视了情境的作用。即使做出情境归因，也通常会把情绪和行为的原因归结为外界环境中的某种东西，比如，个人性格本身不好、环境不好、素质差劲、机会少、任务艰巨，等等。这类情境归因虽然有一定的道理，但却不甚合理。

我们应该站在别人的立场上，对这个人为什么产生这种情绪做合理的情境归因，这就需要表现出对别人的宽容大度和理解，这也将有助于良好人际关系的形成和巩固。丈夫回家晚了，作为妻子不应该一味地责怪他不顾家，而应该想到是否由于他工作太繁忙而回家晚。如果以体谅的心态来对待彼此的相处，则双方都会心存感激。

中国古代有个情境归因法的经典例子，那就是关于鲍叔牙和管仲的故事。

鲍叔牙和管仲是好朋友，在做生意的时候，管仲出的资金少，而最后拿的分红多，鲍叔牙解释这是由于管仲家比较困难，更需要钱；管仲在战场上逃离，鲍叔牙解释这是因为他家有八十岁老母需要照顾，不得不忍辱回家尽孝道。后来，管仲在鲍叔牙的举荐下成为一代名相，两个人的友谊也成为千古流传的友情佳话。这正是由于鲍叔牙运用了合理的情境归因法，从管仲的角度去考虑，才既没有误失人才，又巩固了友谊。

2. 运用合理的个人归因法分析自身的情绪

辩证法指出，内因是事物发展变化的根本原因，外因只有通过内因才能起作用。这就是说，外界的所有因素对自身的影响必须经由自身才能反应，因此，自身才是情绪问题的根源所在。当出现情绪问题的时候，仅仅将原因归于他人或是外界环境是不正确的。无论遇到什么情况，都应该首先做到从自己身上寻找原因，抱怨和推脱没有任何意义。

不过，从自身寻找原因中有一种情况是对个人的否定。有人在对自己的情绪进行分析的时候，会将行为和情绪的原因看作是和自己的性格、态度、意图、能力和努力程度相关的问题，从而导致对自我的否定，正是这些有偏见的个人归因导致对自我分析之后陷入更为严重的情绪问题。比如有人觉得自己太笨了太没出息了等，这些都是不合理的个人归因。遇到这种情况，我们应当运用灵活的原则去对待，在进行情绪分析的时候，多从内在的稳定因素归因，比如努力程度是否足够，少从不稳定因素归因，比如个人的能力等，克服个人归因偏差，这样才能够提高自己的信心。

内因和外因总是相互关联、相辅相成的两个因素，缺一不可。在情绪分析过程中，我们不但需要客观、实事求是，也需要将情境的外因和个人的内因结合起来综合运用。通过合理的归因法可以使问题者减少抱怨，培养他们的责任感和积极进取的精神状态，从而能够更有效地解决问题，达到情绪的良性循环。

情绪分析的"内观疗法"

如果对问题进行深入分析，人们自身多多少少都存在着问题，但是人们却总是习惯于把过错归结到别人身上，而很少去把探究问题根源的目光放到自己身上。如果认真关注周围的人，我们会惊讶地发现，越是有成就的人往往越谦虚，而没有成就的人往往将原因归于外在条件。他们总会认为未获得成功是因为条件不成熟、环境不够适宜、没有更多的支持，等等，而不去反省自身的原因。

要注意反观自身，真正伟大的人物都对自身的缺点和不足看得比较透彻。

那么，如何进行充分的自我分析？我们可以运用日本的吉本伊信创始的"内观疗法"，内观又称内省，是观察自我、纠正自我的一种方式，可以通过对自我的分析来改善自己的人格特征，纠正人际交往中的不良态度和行为，促进自身的发展和人际和谐。

"内观疗法"依具体的方法不同，主要分为集体内观和分散内观两大类。

1. 集体内观

集体内观是可以多人同时进行的一种方式。在一间安静的屋子里，四周围上屏风，个人选择自己最舒服的姿势，进行系统的回顾和反省，除了吃饭、睡觉和洗澡之外，不可以随意走动、谈笑、看书。

2. 分散内观

分散内观的方法与集体内观的方法相似，只不过是以最近的事为主，比集体内观反省的时间短，并且在日常生活中便可以进行，具体为每周一到两次，也可以每日一次，每次一到两个小时，比较容易实施。

内观之后，便可以对自己的评估做到全面、科学、客观，这个时候再找朋友和比较熟悉的同事分析自己内观后的自我评估值是否客观，以便及时快速地提高自身的能力素质。

人无完人，每个人都有自己的缺点和不足。当问题产生的时候，我们需要用理性的态度来看待事情，从自我做起，加以改进。有的人总是对自己的优点和优势沾沾自喜，对自己的缺点和不足视而不见，甚至刻意忽视别人身上的优点和长处，这种心理态度很不健康，面对问题，要学会首先从自己身上寻找原因。

张清和李文是相恋了多年的情侣，然而就在两人要结婚之际，张清犹豫了，她感觉李文变得越来越不相信自己，还总爱吃醋，每次出差都要追问自己所有的细节和过程，很介意她跟其他男同事的交流，为此，两人经常吵架。

张清认为两个人在一起最重要的是信任和宽容，对于男朋友李文的所作所为，她感到很失望。然而有一次，在她与一个很熟悉的朋友倾诉想要放弃这段恋情的时候，朋友的一句话点醒了她。"也许是你自身的原因导致了他对你的猜疑呢？"这时，张清才意识到，不能只站在自己的角度想问题。在与朋友的交流中，她逐渐反观自身，终于意识到自己有些行为的确让李文心存怀疑。比如，她不喜欢清楚地告诉别人自己要到哪里去，和谁在一起，这样，关心自己的李文自然会担心；有时候她喜欢谈论公司的男同事，而从不提及自己身边的女性朋友，这让李文很没有安全感。想到这些，她也感到很抱歉。与朋友交流后，她努力地改变两人交流和相处的方式，果然，她发现李文变得越来越宽容，两人仿佛又找到了初恋时的感觉。

不久，两人迈进了婚姻殿堂。

张清正是通过内观反省的方式对自己的问题进行了总结思考，加以改进，才使事情向好的方面发展的，假如她在看到男友猜忌之后一味地以为这是对方的过错，而对此耿耿于怀，两个人势必会闹到分手的地步。由此看来，自我反省是非常有必要的。

在问题面前，学会主动从自身寻找原因，这极其难得，也十分必要。古代哲人曾以"吾日三省吾身"来对自己的言行进行内观，以警示后人要从自身原因出发来看待问题。如果不知道反省自己，而只是去埋怨别人，这只能成为通向成功的阻力。内观反省是一面镜子，可以找出自身的问题。苛求别人不如反省自身，通过对自身的情绪评估和调控，达到人际关系的和谐，这才是关键。

运用辩证法策略改善情绪

事物本身没有好坏之分，然而我们对待事物的情绪往往取决于注意力的所在点，当你关注好的一面时，会感到欢欣鼓舞；面对坏的一面时当然会沮丧失望。世界潜能开发大师安东尼·罗宾认为，人们对事实的认知会受注意力的影响，应当控制好自己的注意力，否则很容易被它戏弄。注意力是看待事物的焦点所在，也是情绪生成的先决条件，要想有效调控情绪，便需要控制注意力，辩证地看待事物的各个方面。

我们所经历的各种情绪和各种事情都可以从多个方面来分析，评析过程中，尤其要注意运用辩证法的策略，这样可以使情绪评析人对情绪的形成、发展及结果洞悉得更加全面、客观、理性，从而加快解决情绪事件，并促进形成良好的心态。倘若观察不全面，则会容易使情绪陷入极端和偏激，不利于情绪调控。

几十年前，一个身有残疾的美国人，家中遭遇了小偷，损失了一些财物，一位朋友写信来安慰他，他回信说："谢谢你的来信，但其实我现在心中很平静，因为：第一，窃贼只偷去我的东西，并没有伤害我的生命；第二，窃贼只偷走部分财物，所幸并非我所有财产；第三，还好是别人来偷我的，而不是我做贼去行窃。"

就是这样的乐观态度，使这位残障人士遇到任何事情，都能用积极的态度来应对，进而在日后缔造出了不凡的事业。他就是美国第三十二任总统——罗斯福。

家中失窃原本是件令人恼怒的事情，但在罗斯福看来，东西既然已经丢了，生气也找不回来。与其让愤怒指挥自己接下来的情绪，不如放宽心态从不幸中发现美好。即使被大多数人视为不幸之事的被盗，也阻挡不了他继续追寻快乐的脚步。由此可以看出，情绪好坏与否，关键在于我们在看待一件事情时用什么样的思维方式和心态。如果辩证地去看待被盗这件事，它也可以有正面和负面两种影响。

宇宙间的每个事物都是独一无二的，都有自己特殊的规律和特性，杨树不能被叫作松树，苹果不能称为梨子，甚至"世界上没有完全相同的两片叶子"，从这一方面来看，"非此即彼"是成立的。然而，世界万事万物处于普遍联系之中，每个具体事物都同若干个具体事物相联系着。"亦此亦彼"的可能性存在于多种现象，鱼和两栖动物之间的界线是不固定的，脊椎动物和无脊椎动物之间的界线也渐渐模糊，鸟和爬行动物之间的界线正日益消失……没有完全相异的两种事物，而且，事物之间还存在相互转化的规律，正如老子所说："祸兮福之所倚，福兮祸之所伏。"辩证法不鼓励找到逻辑上的绝对真理，而是要求在处事上去遵循客观世界的发展规律，做到"非此即彼"和"亦此亦彼"的统一辩证思维。

在情绪评析和调控的过程中，辩证法思维所揭示的事物具有两面性的特征证明了中庸之道——"允执其中"的必要性和可能性，情绪的评析应注意保持各方面在动态中的均衡，情绪的调控需要我们及时地转移注意力，在身处顺境的时候提醒自己冷静理智，要有危机意识；在身处逆境的时候，要积极乐观，看到光明所在，由此可以实现自己情绪的平静顺畅。

同样是别人的一句话，当你对说话人感到厌恶时，你会认为这是一句不安好心的坏话；当你对说话人有好感时，你会认为这是他对你的肺腑之言。"情人眼里出西施"，与此也大致类似，究其原因是我们的注意力集中点不同。评价一个人时，我们不应当仅仅发现他的缺点，还应当看到对方的优点，尤其是当我们的情绪指向极端的时候，更应当辩证地看待。比如当你与身边的人发生口角时，就应当回想他的优点和过去与他相处的愉快经历，就会感到情绪有所平复。

在情绪评价的时候，将注意力放在积极和消极两个方面，并多关注积极的方面，用"非此即彼"与"亦此亦彼"相结合的辩证法思维来思考，这将有助于我们达到"允执其中"的状态，保持自我心理上的平衡。

将换位思考运用在情绪分析中

所谓同理心，就是站在对方立场上去进行的一种思考方式。通常我们有类似的经历：在面对同一件事情时，我们自身会体现出一种立场，当你设身处地地站在别人的立场上去思考的时候，便能够深切地感受到对方的情绪状态，于是在沉浸于情境的感悟中能够做到对他人的理解、关心和支持。心理认同是同理心的重要内容，这就是同理心所揭示的一个道理。

常常有人会说："你怎么那么说话呀，真是饱汉不知饿汉饥。"事实上，吃饱的人从自己的立场出发看待问题并没有错，他是真的不知道饥饿的痛苦滋味，但他没有从饥饿的人的角度思考问题，才引起了对方的怨气。

在现实生活中，面对诸多矛盾和问题，很多人会对他人产生愤怒情绪。他们认为将责任推卸给别人是解决问题最简便的一种方式。殊不知，面对自身所遇到的情绪问题，采用如此的态度和行为，恰恰使当事人陷入不良的情绪循环。当他们认为别人不欣赏自己、愚弄了自己的时候，便会产生避免使自己成为受害者的心理，而愈加对别人产生愤恨。在迁怒于别人的过程中，他更会为自己可能遭受的报复感到恐慌，从而更加固执地认为对方很鄙视他们，如此往复循环，恶性的心理情绪最终导致个人的心理疲惫与情绪失控。

在心理学中，这种现象又被称为"反射—惯性"，当事人的行为起初是一种条件反射，这让自己对过错感到心安理得，于是他们继续这种行为，不断强化对他人误解的惯性。假如对方真的与之相对抗，便有可能使两者都陷入情绪的恶化中，谁都下不了这个台阶。

情绪问题几乎都产生于人际交往的过程中，这就关系到心理认同这条基本的人际关系法则。要想走出"反射—惯性"这一怪圈，培养并加强同理心势在必行。行动对人的影响与个人的切身体验密不可分，有人在心理认同方面做得不到位，于是与别人的相处总表现得冷冰冰；有人热心为别人着想，同理心法则运用得好，则会拥有温暖的友谊和良好的人际关系。因此，学会替别人着想，多站在别人的立场上去考虑，而不要以恶意去揣度别人，这有助于我们工作、生活的各个方面取得良好的效果。

商场为了留住一线品牌，提高自己的利润，通常会在季末的时候，给营业额排名前十位的供货代理商予以返利。不过返利的比例每年都有所不同，但始终在 14% 的上限和 8% 的下限间浮动，且以商场副总以上的领导签字的最终返利协议为准。

这一年，商场的财务处人员高飞根据负责服装部的张总上半年签的协议，按照 11.8% 的返利与女装部的第一名结账。然而，结账之后，张总却将高飞叫到办公室，训斥其给的返利比例过高。高飞没有当场反驳，他知道，空口无凭。

出了办公室，高飞赶紧与对方联系，说明情况，并寻求协议的底根，对方火速派人将张总上半年亲笔签的协议找出，张总看到后，有些不好意思。事后，他夸奖了高飞的细心与办事稳妥。代理商由于此事获利丰厚，也十分感激高飞在其中的斡旋。

假如高飞在领导震怒之后，只是猜测领导这样做是否是在给自己穿小鞋，或是回想自己是否得罪过领导，或者充满怨气地想这是领导失职却把气撒在自己的身上，而不去解决问题，自然就对领导产生怨言，久而久之，工作也不再积极努力了。但高飞没有这么做，他积极地去解决问题，因为他运用了同理心法则来应对与领导的交流，毕竟商场的利润是大家所关心的，领导因为返利比例高而生气也是为了商场的获利着想，商场利润提高了，员工的福利自然也是水涨船高。如此去想，高飞岂有不积极解决问题之由？

同理心法则是心理学中的一条重要法则，作为情绪调控的一种能力和技巧，它体现了人际交往和为人处世的生活智慧和人生哲理。倘若我们在人际交往中加以运用，将心比心地去认识问题、分析问题和解决问题，必然可以收获到良好的人际关系和豁达的心态，促进现代社会的和谐发展。

消除因偏见产生的情绪问题

心理学家曾做过一个实验，主题为"我们大脑中的先验假设能够对我们的日常推理造成多大的影响"。实验中，他召集一些人，将他们带到一间办公室并告诉他们在此等待参加一项学术研究计划。过一段时间叫他们出来，询问是否记得办公室里有哪些东西。许多人表示并没有注意，但当让他们进行选择的时候，无一例外都选择了"书"。其实办公室里根本没有书，他们并没有将注意力集中在办公室的物品上，只是想当然地以为既然是办公室就肯定有书——这就是生活经验积累的心理定式。

当被研究者没有刻意留意时，认为学术研究机构的办公室当然会有书——这是依据经验和固定常识的必然推理。依靠之前生活积累的先验假设经验进行推理，往往会形成心理定式。所谓心理定式指的是一个人在一定的时间内所形成的一种具有一定倾向性的心理趋势。即一个人在其先验假设或过去已有经验的影响下，心理上通常会处于一种准备的状态，从而使其认识问题、解决问题带有一定的倾向性与专注性。这其实是一种个人经验所形成的偏见。

偏见的存在对于问题的产生和解决都有很大的负面影响，并且很多偏见会将我们的情绪引向不好的方面。

通常的偏见分为以下几类：

类型	定义
证实偏见	按自己的思路去寻找那些能证明他们的理论或判断的信息，而非去反驳自我判断
后见偏见	觉得过去的事情的结果正如他们原来所期望的一样
聚集性幻觉	感觉到实际上不存在的规律
近因效应	先后提供的两种信息，近期信息往往占优势
定锚偏见	最初的信息引导而形成的最初的信念，在人们作判断或评析问题的时候占据极大比重，无法融合新信息
过度自信偏见	以个人意愿为主，无视客观规律，盲目行动，拒绝改变

其中，用自身的经验贴标签、下评判，是造成各类偏见产生的主要原因。标签一旦形成，就会像习惯一样，比较顽固，而且很多人还没有意识到自己有贴标签这种行为。

现实生活中，由于偏见、心理定式的思维、自以为是，产生了许多误解和矛盾。

张明与女朋友相恋了很多年，打算在今年结婚。然而就在结婚前夕，双方家长的意见出现了小小的分歧。

由于张明家庭条件一般，他跟岳父商量是否可以一切从简。岳父坚持按照当地的风俗，结婚要有三金（金项链、金戒指、金耳环），还要给一万元彩礼钱，不同意一切从简的提议。

后来经过东凑西借，张明终于把东西买齐了，不过心里也很恼怒，认为妻子的家人太不体谅自己。婚礼当天，岳父送给夫妻两人一个红包。想到自己父母的忙碌和操劳，对岳父不满的张明认为这是假惺惺，因奔波婚礼而累积的忙碌与疲惫化为怒气在这一瞬间爆发，他于是将红包扔在地上，不愿接受。后来在大家的安抚下，他才将红包捡起来。

待到婚礼结束，张明送完客人后打开红包，顿时羞愧难当：岳父给他的是一个 10 万元的存折。原来，岳父不是想从男方家捞钱，只是想让女儿按照当地的风俗嫁得风光些，让张明珍惜并善待自己的女儿。

偏见常常是由于运用心理定式判断和分析对象产生的，当人们对自己所推断的唯一可能性过分信任时，便会忽视存在的多种可能性，从而对事物或事件造成不公平的评价。

故事中的张明不但没有理解岳父的良苦用心，反而判定岳父给红包是"假惺惺"，很小的情绪酿成大矛盾，这种结果被美国著名心理学家桑戴克称之为"晕轮效应"（也称"光环效应"），这种效应犹如大风前的月晕逐步扩散，渐渐形成一个更大的光环。在认知方面，表现在人们的认识与判断只是从局部或表象出发，按照自己的理解去得出整体印象，形成认知偏差。

偏见一旦产生，很难消除，但我们可以进行有效的情绪评析与情绪调控。在日常生活与交际中，首先，应当学会细心观察，全面看待问题；其次，需要进行心理换位思考，理智看待问题；再次，应当正确认识自己，正视自己的问题；最后，加强自身的学习，弥补个人经验知识的局限导致的认知偏差。

尽管偏见很难完全消除，但通过以上几点的学习，至少可以减少它的发生。凡事不要受已有的框架与既有的判断的限制，应当培养发散思维，学会变通，从多个角度看待问题。只有以事实说话，偏见才会无所遁形。

培养你的加法思维

加法思维是人们形成正向思维的有利指导，推动人们从积极乐观的角度看待问题、看到自身所拥有的东西，当面临诸多不幸、压力、烦恼等不良情绪的困扰时，能够让我们感受到生活中的阳光。

加法思维是极为重要的思维方式之一，著名医学博士春山茂雄曾写过一本畅销书——《脑内革命》，其中主要论点是鼓励人们在职场中进行加法思维的训练。比如当你在公司加班时，要想这是公司离不开你的表现；被老板教训了，要想这是在考验自己的忍耐力和精神修养的时机……运用加法思维可以保持开阔的心境和愉快的情绪，有助于促进问题的顺利解决。

英国作家萨克雷曾说："生活好比一面镜子，你对它笑，它就笑；你对它哭，它就哭。"当我们将注意力集中到自己所经历的不幸、压力和烦恼上时，面对诸多失去的东西，心中必然感觉一片灰暗；但当我们将注意力转移到自己所拥有的东西上时，心情便会好转，可能收获许多意料之外的惊喜和感动。我们的心情指数和生活状况由我们自身看待问题的方式来决定，换言之，我们的生活由我们自己决定，而不是由客观环境决定。

科学研究发现，当人们在运用加法思维的过程中，脑中会分泌出脑内吗啡，这是一种有利于身心的人体荷尔蒙，可以使人心情舒畅，保证最佳的精神状态；而在运用减法思维时，脑内则会分泌出有害的毒性荷尔蒙，破坏我们的身心健康。现代社会中患抑郁症的人越来越多，抑郁症甚至被世界卫生组织预言为人类"21世纪第三大疾病"。这在很大程度上是由于在减法思维的控制下心态不稳定所导致的。

有很多人，一生都在运用减法思维，当他20岁时，他认为自己失去了童年；当他30岁时，他认为自己失去了浪漫；当他40岁时，他认为自己失去了青春；当他50岁时，他认为自己失去了幻想；当他60岁时，他认为自己失去了健康。却偏偏不去把握当下，把握今天！

岁月的流逝必然带走许多属于我们的美好的东西，但同时也会给我们带来许多独特的体验和收获。试想，如果运用加法思维，去把握当下的美好，必然会有不同的心态：20岁的自己正拥有着令人羡慕的火热青春；30岁的自己正当壮年，应当为自己的才干和经验而自豪；40岁拥有成熟的人格魅力；50岁因人生的丰富多彩而在精神上富足；60岁的自己可以享受退休后的天伦之乐。这样，通过认识当下的加法思维，我们可以每一天都觉得很美好。同样是一生，运用减法思维，越减越少，导致生活充满危机与压力；而运用加法思维，越加越多，可以使自己保持满足与欢乐。

我们周边的环境从本质上说是中性的，是我们给它们加上了或积极或消极的价值，问题的关键是你选择哪一种。加法思维正是从平凡的生活经历中获取积极的体验与幸福生活的关键。得到亦失去，失去亦得到，在分析问题、解决问题时选择加法思维方式，多看自己所得到的，少看自己所错失的，才能赢取良好的心态。

生活中的每一种不同的情绪，作为一种宝贵的人生体验，都丰富了我们的人生经历，可以引发我们思考，促进成长。因此，当我们要对自己的情绪经历进行评估时，不妨运用加法思维。同时应当认识到，加法思维虽与减法思维方式截然不同，然而加法思维包含着减法思维：用加法思维来构建积极乐观的态度，可以享受生活中的种种乐趣，强化正态效应；用减法思维去面对生活中的种种不如意，有助于淡化消极因素，减少消极、悲观、埋怨的情绪。当然，加法思维并不是一朝一夕可以简单完成的，它需要我们有意识地坚持锻炼，只有这样才可能在生活中培养出良好的心态，从而有利于良好情绪的形成。

行动前的利益权衡

如果我们在行动之前多进行利益权衡，便不至于在事后产生一系列失落、懊悔、痛苦、冲动、烦恼等情绪化的异常反应。行动需要进行计划和合理评估，不进行计划和评估的行动是不成熟的，这是引发情绪的根源所在。因此，我们应当对所要进行的行动进行事先的冷静思考和详细计划，使行动的结果实现利益最大化，这样也可以减少负面情绪的产生。

如何使行动之前的情绪更趋合理化？现代心理学中有很多研究，其中，"情绪代数学"比较流行，"情绪代数学"由心理学家乔舒瓦·弗理德曼提出，他认为在行动之前或者做出选择之前，应当及时地运用因果思维法，来权衡这个行动或选择存在的收益与代价，以及可能带来的各种情绪。通过综合考虑与权衡之后所做出的最终决定，对行动后的情绪影响效果很明显。

当你想向上司提出你希望升职或加薪的请求时，便可以运用情绪代数学的方法来进行分析权衡。比如：

王女士在公司里工作很努力，业绩也算突出。为了进一步提升自己的事业，她要求公司老板给她一个机会，提升自己为部门经理，但又不知现在提这个要求是否合适。正好她有一个好朋友是一名心理咨询师，王女士便向她进行咨询。

朋友建议王女士先填写一张"情绪代数学"表，详细如下：

（1）列举自己所面临的选择。

（2）从自己的切身利益和多种可能性来——列举选择之后的收益和代价。

（3）考虑收益和代价分别会给自己带来什么情绪，进一步发现自己内心深处的感受。

（4）将所可能导致的情绪进行评分。

（5）分别总结收益和代价的分值，并进行比较。

（6）结合比较结果，最终做出正确选择和行动。

王女士经认真思考，认为升职成功虽然既可以证明老板对自己的认可，又可以增加自己的收入，并且还能显示出自己社会地位的提高，但老板也可能会以种种理由拒绝升职要求，倘若提出升职请求后被拒绝，此后可能给老板留下只关心钱的不好印象，相处起来会很尴尬。综合提出升职请求后积极的情绪和不好的强度后，王女士发现糟糕的情绪强度指数要大于积极的情绪。

朋友分析过王女士所列条件之后语重心长地说："提出升职要求并不是不可能，但你也看到你所列举的分析判断了。另外，你现在需要合理地评估自己的能力，还要考虑一下现在提出时机合不合适？如果你对这些做好判断之后仍认为可能的话，你可以尝试申请一下。"

王女士通过定量化的行为分析后，认为自己现在提出升职要求并不合适，于是放弃了这种想法。

通过对自己情绪提前量化，王女士更为明确地预测到自己的行动所导致的结果，从而放弃了主动提出升职的请求而继续努力工作。如果生活中我们对自己的行为举动多一些明确化的量化，就会像王女士一样做出理性的决定，而不至于陷入行动后的被动。

由此可见，情绪代数学可以帮助我们理清思路，更方便直接地预测出做出选择之后的可能结果，并可以分析其中的因果关系，从而避免陷入无意识的行动之中，被动接受行动的后果而导致情绪的自由化发展。

第十章

状态不好时换件事做

换一个环境激发情绪

环境状况、思维、行为、生理反应、情绪是一个互相联系的整体，任何一方面的改变都会间接影响到其他方面。当外部环境状况发生变化，人处于情绪化状态时，大脑中会形成一个较强的兴奋点。此时如果回避相应的外部刺激，可以使这个兴奋点消失或是让给其他刺激，从而引起新的兴奋点。

所以，如果我们让自己的不良情绪从不愉快的环境中转移出来，兴奋中心一旦转移，也就摆脱了心理困境。

由于人的情绪总是具有情境性的，特定的情境与特定情绪反应之间有对应关系，当特定的情境出现时，就会引发特定的情绪反应。利用这一点，通过避开特定环境和相关人物，可以有意识地减少容易引发不良情绪的因素；同时，增加能够激起健康、积极情绪的因素，就能够很快缓解不良情绪刺激，从而理智地处理出现的问题。

我们换环境的关键是离开产生不良情绪的环境，如果你换了另外一个相似的环境，根本达不到预期的效果。当发生亲人去世或者失恋等事件时，悲伤、苦恼、懊悔都无济于事，只会令自己更加消沉。正确的做法是离开事发地点，切断不良刺激，平复受到创伤的情感。可以在亲友的陪同下离开地震发生的地点，避开与过世亲人联系紧密的环境、物品等。失恋的人应该注意避开曾经与恋人相识相聚的场合，以免引发消极情绪。

离开原来的环境只是消极地避开不良情绪刺激，并不能从根本上解决问题。人的思维总是不受控制，如果刻意去忘记一件事反而会在脑海中不断地回想这件事，寂寞的时候尤其是这样。要让情绪尽快好转，必须尽可能地去寻求一种全新的、具有感染力的、能够唤起完全不同的情感的环境。通过融入新的环境中获得新的乐趣时，烦恼、失落等不良情绪自然会不见踪影。

那么，如何选择替代环境？一般说来，想让烦躁的心情平静下来，可以选择幽静的咖啡厅、书吧或者小树林；想让低落的心情高涨起来，可以去参加聚会，或是去热闹的电影院看场喜剧，听一场亢奋的音乐会，看一场激烈的球类比赛等；想让压抑的情绪释放出来，可以去欣赏自然风光，去野外爬山，去步行街购物，或者是去健身房锻炼，通过环境的转变来改善不良情绪。

在选择替代环境的时候还需要注意选择环境的颜色。先来看以下几种颜色及其特性的简单对应关系：

颜色	象征	积极作用	消极作用
红色	热情、振奋	促使血液循环、使人精神振奋	久看易导致情绪急躁，易激动
绿色	生机、活力	艳丽、舒适，具有镇静神经的作用，自然界的绿色对疲劳、恶心以及消极情绪有一定的舒缓作用	久看易使人感到冷清，影响消化吸收，食欲减退
粉色	温柔、甜美	使人的肾上腺激素分泌减少，镇静与缓解情绪。缓解孤独症状、精神压抑症状	无
黄色	健康	对健康者有稳定情绪、增进食欲的作用	对情绪压抑、悲观失望者会加重不良情绪
黑色	庄重与肃静	对激动、烦躁、失眠、惊恐等起安定的作用	情绪压抑、悲观失望者会加重这种不良情绪
白色	纯洁与神圣	对易动怒的人可起调节作用	患孤独症、精神忧郁症的患者会加重病情
蓝色	宁静与想象	具有调节神经、镇静安神的作用	患有精神衰弱、忧郁症的人会加重病情

不同的颜色会引发不同的心情。如果忽略了对色彩空间的选择，将难以收到理想的效果，同样是咖啡厅，冷色调的装修风格容易使人沉静，而暖色调的装修风格则可能使人亢奋。色彩与人们的生活密不可分，它一边美化生活，一边也对人们的情绪产生直接或间接的影响。合理地选择适当的色彩空间，将能更轻易地走出情绪困扰，收到"移情易性"的效果，这就是色彩的巨大功效。

古老中医的神奇情绪疗法

根据传统中医理论，人有七情，即喜、怒、忧、思、悲、恐、惊七种情志活动，正常的七情活动并不影响人体健康，反而能调节人体自身平衡。但若太过或不及都会导致情绪问题，继而引发各种身心疾病。针对七情太过引发的疾病，可以根据五行制胜的原理来治疗。

具体来说，就是利用不同情绪之间相互制约、影响的关系，通过有目的地激发某种性质的情绪变化，来调控、治疗另一种变化强度过大的情绪，使即将被破坏的机体平衡得以恢复，这就是以情胜情疗法，依据《内经·素问》中所言，有"悲胜怒，怒胜思，思胜恐，恐胜喜，喜胜悲"等疗法。

各种情绪相互影响、制约，所以又称反向情绪转移疗法。如"悲胜怒"，即发现存在愤怒的不良情绪时，有意识地采用行动去激发悲伤的情绪，用悲伤去压制和调整愤怒，从而达到改善身心的目的。这种方法起源于我国传统中医，是世界上独特的一种心理治疗方法，在我国古代有着极其广泛的应用，以下对各种以情胜情疗法进行具体解释：

1. 以喜胜悲疗法

喜为心之志。喜在正常情况下能缓和紧张情绪，使心情舒畅气血和缓。如果使陷入悲痛情绪的人产生欢喜的情绪，就能战胜悲伤抑郁的情绪，而使其轻松愉快，精神奋发向上。

清代有一位巡按大人，终日愁眉苦脸。几经治疗，终不见效，病情日渐加重。经人举荐，名医前往诊治。名医望闻问切后，对巡按大人说："你得的是月经不调症，调养调养就好了。"巡按大人听了捧腹大笑，说道："这是什么名医，我堂堂男子焉能'月经不调'，真是荒唐到了极点。"自此后，每回忆起此事就大笑一番，乐而不止，久而久之，病也好了。一年之后，名医又与巡按大人相遇，这才对他说："君昔日所患之病是'郁则气结'，并无良药，但如果心情愉快，笑口常开，气则疏结通达，便能不治而愈。"巡按大人恍然大悟，连连道谢。

2. 以悲胜怒疗法

发怒是人们的欲望和需求受到遏抑，郁怒之火向外发泄的一种表现。这里运用的是"悲则气消"的原理，它是指使盛怒者产生悲哀、恻隐之心用以收摄其怒气，使其体内气机得以平衡，以利于身心康复。

《三国演义》中"三气周瑜"的故事家喻户晓，一气周瑜：诸葛亮抢先拿下荆州。二气周瑜：诸葛亮用计使周瑜"赔了夫人又折兵"。三气周瑜：周瑜向刘备讨还荆州不利，又率兵攻打失败，周瑜一怒叹道"既生瑜，何生亮"后吐血而亡。

这个故事中，诸葛亮深知周瑜气量小，略施小计三气激怒，而致暴怒伤肝，肝气上逆喷血而去。假若此时周瑜家出现悲伤之事，也许周瑜不会英年早逝。

3. 以怒胜思疗法

思虑过度则可导致气结，忧愁不解容易意志消沉，过于惊恐会胆虚气怯，等等，运用"怒则气上"的原理，适当发怒可治愈上述那些阴性的情志病变，使阴阳气血平衡，可以恢复心脾神气的功能。

太守忧虑过度，大病不治，家人延请华佗，华佗诊断后故意索要重金才肯治疗。太守家人无奈付出重金，谁知华佗一拖再拖，最后竟不辞而别，留下书信一封大骂太守。太守大怒，立刻派人追捕华佗。太守的儿子知道华佗用意，暗暗叮嘱家人不要去抓华佗。太守听说抓不到华佗，更加怒气冲天，一气之下，呕出几口黑血。不想这一呕，病反而好了。

4. 以思胜恐疗法

恐是一种胆怯惧怕的心理。"思则气结"的原理，当人恐惧时，可以引导病人对有关事物进行思考，治疗因惊恐导致的形神不安。思考能够收敛涣散之神气，调控情志平衡，促进心身康复。这与西方的认知疗法有类似之处。

5. 以恐胜喜疗法

喜可以缓解紧张情绪，但喜乐过极则损伤心神，导致心的病变。

运用"恐则气下"的原理，面对狂喜之人以适当的手段，使其产生恐惧心理，收敛耗散的心神，以助于恢复心神。

清代名医徐灵治疗新中状元因喜伤心的病，也是采取以恐胜喜法。徐对他说："病不可为也，七日必死。"那状元受了惊吓，冷静下来，过喜之情得到缓解，只七天病就好了。

以情胜情疗法经过千百年的实践，被证明是行之有效的情绪转移法。遭遇不良情绪时，不妨利用以情胜情法转移心理困境，调理、平衡阴阳，达到身心健康的目的。但要注意具体问题具体分析，不能生搬硬套，否则只会增加新的不良刺激。《内经》中有句话说得好"精神内守，病安从来"，只有正确对待生活，理智从容地对待身边的人和事，才能保持一个良好的心态，健康长寿。

给情绪注满鲜活的泉水

很多人都曾有过这样的感觉：曾经得之不易、充满挑战的工作变得索然无味，毫无乐趣；曾经心心念念、形影不离的爱人再也激不起情感的涟漪，当初的悸动消失得无影无踪；就连曾经最热衷的娱乐活动也不能带来当初的那份快乐。

这就是心理学上的"情绪枯竭"，情绪枯竭产生于心理饱和。"心理饱和"则是指人心理的承受力到了临界值，不能再承受任何的情绪，就是人们常说的厌烦。认为自己所有的情绪资源都已耗尽，情绪的感觉已经干枯，非常疲惫。

心理饱和现象随处可见，且多为负面效应。

在工作中表现为工作压力大，缺乏热情、动力和创新能力，容易产生挫折感、紧张感，甚至对工作有抵触情绪。这是由于长期处于高压的工作环境中，巨大的工作量和高度的重复性，使人对工作产生了机械性反应，很多职场白领都有这种状态，这很容易导致情绪枯竭。目前，世界各国都把情绪枯竭作为工作倦怠的第一大表现和诱因。如前面提到的工作热情因每天的重复而逐渐减少。

爱情也会饱和，婚后夫妻二人天天厮守，从新鲜到平淡，神秘感一点点地消失，生活慢慢变得平淡乏味，于是彼此开始厌倦，言语不合而互相伤害，甚至由于内心空虚而发展了婚外情。那些目标高远的完美主义者、工作狂最容易出现这种问题，他们目标感强，精力旺盛，取得的成就多，自信心很强，但过分投入就容易心理饱和。明星看上去风光无限，时刻吸引众人目光，但无休止的演出、应酬、宣传也耗尽了那份对艺术的热爱，于是开始厌倦，不再小心翼翼地顾及形象，负面报道铺天盖地，等等，这些都是心理过于饱和的表现。

心理饱和是一种危害很大的心理困境，会吞噬人们的精力与热情，让人失去继续奋斗的动力，生活的目标也被其抹杀，对自身的身心健康产生威胁。

那么，如何摆脱这种困境呢？

对于情绪枯竭者，可以采用多种情绪转移法。例如，当开始厌倦每天重复性的工作时，可以依据性格和爱好，来充实自己的业余生活，比如说看电影、散步、游泳、旅游、读书等，转移注意力，缓解厌烦情绪，从而避免产生单调、消极的情绪。除此以外，还可以主动寻找工作中新的挑战和乐趣，这需要完全进入工作状态之后才会体验到，相比一些业余的兴趣更能培养职业情感，预防心理饱和。

如同在一间漆黑的屋子里，什么都看不到，让人恐惧，也让人无奈。这时候如果有阳光照射进来，一切都会明朗。情绪转移就是那束射进漆黑房间的阳光，将积极的、健康的正面情绪带进来，减弱和消除原有的负面情绪，从而恢复与平衡其内心的情绪能量。

化解情绪枯竭需要很多办法协同配合，才能发挥出最好的效果。要寻找多种不良情绪的宣泄途径，积极培养生活乐趣，不断引进新鲜、积极的外界刺激，彻底远离情绪枯竭的烦恼。

疲惫时，和工作暂时告别

如果用一个字来形容现在的生活，你会选择哪个？大部分人选择了"忙"和"累"。社会发展的脚步越来越快，竞争也越来越激烈，这让很多人情绪负荷超标。当我们遇到这种情况时应该怎么办呢？小孩子会很干脆地回答"休息啊"，这时家长就会在一旁苦笑：休息，谁来赚钱？没有钱吃什么、喝什么？但是仔细想想，孩子的话并没有错，累了当然要休息。

从前在浩渺的大西洋中有一座小岛，小岛不大，但是差不多位于大洋中心。这个小岛是很多候鸟迁移时的中转站，是候鸟群们疲倦时休息的落脚点。在这里，它们稍稍休息，摆脱旅途中的疲惫，积蓄力量重新踏上征途。

鸟儿们寻找的是一个可以释放自己疲惫的"安全岛",当你情绪负荷过重的时候,你找过自己的"安全岛"吗?环视一下,大家下班愈来愈晚,回家愈来愈晚,不停地加班加点,不但身体上受不了,情绪也很低落。夜深了终于可以好好休息一下,但是天亮以后又要开始循环,周而复始。

大家都知道,现在电脑是我们最亲密的伙伴,有的人跟电脑在一起的时间比跟恋人在一起的时间还长。可曾想过电脑也很累,早上开机开始工作,午饭时还要担任联络员,下午继续工作,晚上遇到加班还要奋战,就这样白天黑夜超负荷运转,没有休息的时间。但是它一旦死机,恐怕就得更新换代了。机器尚且这样,更何况人的血肉之躯呢?

俗话说:"不会休息的人就不会工作。"每天不知疲倦地工作,效率并不一定高,长期下去疲惫的心灵和身体反而可能拖累了你,身体素质下降,生活质量也会随之下降。累了就休息,要学会享受生活,具体可以从以下几方面入手:

1.不要事事追求完美

维纳斯的雕像有一双断臂,这样的瑕疵也是一种美,而且正是这种残缺的美深深地打动了人们。生活中因为刻意追求完美而让自己处于紧张的状态是完全没有必要的。试想每天把自己绷得像一根橡皮筋,时间长了,它也就不再有弹性。

要接受人生的不完满。完美是一种理想的状态,是闪闪发光的金字塔的最顶端,是每个人追求的目标,有了它,生活才充满希望。事事都完美了,生活就没有意义了,因此大家应该允许不完美的存在,那说明生活还有发展的空间、进步的潜力。

2. 要懂得舍得

舍得，舍得，有舍才会有得，不去舍弃一些东西，怎么会得到更多？有些人得失心太重，想要的东西太多，以至于完全没有意识到自己的身体亮了红灯，情绪已经病态。

眼光要长远一些，不必太过计较得失，如果累了、倦了，这一单生意不做了，给自己放个假，出去玩玩，回来后以更加饱满的精神和昂扬的斗志投入到工作中去，收获未必会小。

3. 学会忙里偷闲

当工作成为一种习惯，我们想要抽身离开，休息一会儿也并非易事。这个时候就要强迫自己出去散散心，看看错过的春华秋实；听听音乐，洗涤一下心灵；又或者享受一顿美食。暂时把自己从繁忙的事务中解脱出来，感受一下另一种气息，也许你会有新的发现，也许蓦然回首时那个萦绕在你心头的问题已经有了解决的方法。

学会从繁忙的工作中抽身，也就大大减小了情绪疾病产生的可能性。有的时候，休息和工作之间并不矛盾，懂得休息，才能以更加饱满的精神面对工作，你的工作效率才会高。

不要死钻牛角尖

从小我们就懂得"滴水穿石""绳锯木断"的道理，它们无一不在说明坚持不懈带来的成功，那些"半途而废"的行为让人唾弃，为人不齿。然而生活中有些事情就需要我们"半途而废"，因为过度偏执，太钻牛角尖，就会产生情绪问题。不钻牛角尖就是不让我们固守一成不变的东西，及时从不好的状态与情绪中走出来，这也是人生应该掌握的改变固执的智慧。

从前，村庄里有一位对上帝非常虔诚的牧师，40 年来，他照管着教区所有的人，施行洗礼，举办葬礼、婚礼，抚慰病人和孤寡老人，是一个典型的圣人。有一天下起雨来，倾盆大雨连续不停地下了 20 天，水位高涨，迫使老牧师爬上了教堂的屋顶。正当他在那里浑身颤抖时，突然有个人划船过来，对他说道："神父，快上来，我把你带到高地。"

牧师看了看他，回答道："我一直按照上帝的旨意做事，我真诚地相信上帝，因为我是上帝的仆人，因此你可以驾船离开，我将停留在这里，上帝会救我的。"

那人划着船离去了。两天之后，水位涨得更高，老牧师紧紧地抱着教堂的塔顶，水在他的周围打着转。这时，一架直升机来了，飞行员对他喊道："神父，快点，我放下吊架，你把吊带绑在身上，我们将把你带到安全地带。"对此，老牧师回答道："不，不。"他又一次讲述了他一生的工作和他对上帝的信仰。这样，直升机也离去了，几个小时之后，老牧师被水冲走，淹死了。

因为是一个好人，他直接升入天堂。他对自己最后的遭遇颇为愤怒，来到天堂时，情绪很不好。他气冲冲地在天堂中走着，突然间碰到了上帝，上帝说道："麦克唐纳神父欢迎你！"老神父凝视着上帝，说："40 年来，我遵照你的旨意做事，有过之而无不及，但当我最需要你的时候，你却让我被大水淹死了。"

上帝微笑着说："哦！神父，请原谅，我确信我派去了一条船和一架直升机去救你，是你的偏执害了你。"

的确，偏执者坚持己见，缺乏变通的智慧和情绪调节的能力，因而常常正邪不分，忠奸不辨。

有一个大学生，爱上了他的一个女老师。这个女老师虽说只有30来岁，可结婚已经两年了。所以，这个学生对她的爱，应该说，无论如何是没有希望的。

可是，这个学生却十分执着于自己的这种所谓的爱情，不顾一切地追求这位女老师，又写情书、又送鲜花，还跑到她家里去，弄得她十分恼怒。后来女老师的丈夫知道了，狠狠教训了他一通。可是，他还是不知回头，依然写情书、送鲜花，痴情不断，执着得像个不怕牺牲的斗士，一直闹到神经错乱，被送进精神病院为止。

这个大学生的这种执着，就是一种死钻牛角尖的偏执。

偏执心理是一种病症，患上这种病的人，往往走极端，不回头，还自以为是，分明是自己做错了，却总觉得是别人不对；当自己不能和别人取得一致意见时，从来不反思自己的过错，而总是去探究别人做错了什么。

所以，生活中一定要学会变通，不要一味地坚持自己认为正确的道路，有时换一个方向，生活会更美好，天地会更开阔。

唱歌也能疏解情绪压力

娱乐是非常好的情绪转移方式，卡拉 OK 就是其中的一种。

现在 KTV 店越开越多，很多人在周末消遣的时候，都会约上三五个朋友，到 KTV 店里高歌一曲。"K 歌"已经成为许多人排解负面情绪、消磨时间、交友娱乐的首选方法。

卡拉 OK 的风靡也与快节奏的生活紧密相关。在快节奏的生活环境下，身在职场的人们越来越感到工作压力大，很大一部分人为工作所累。但是工作是生活的一部分，工作也是为了更好地生活，于是"努力工作，尽情享受"的理念也得到很多人的认同和倡导。

在 KTV 里，卡拉 OK 可以提供很多种的娱乐方式，让每个人都能从音乐的感染力中得到快乐，而且唱歌时经常采用腹式呼吸，这能促进神经兴奋，有助于缓解紧张情绪。另外，中国古代"沉默是金"的文化氛围影响了亚洲各国，或许亚洲人由于礼节约束很少宣泄负面情绪。而 K 歌以歌曲为由头，又有酒水相伴，很适合缓解胸中的郁结。可以说，KTV 的高歌不仅仅是一种娱乐手段，更是众多人的心理发泄手段。

除了 KTV，当下人们的娱乐方式也是多种多样，如打高尔夫球、游泳、做瑜伽、旅游，等等。这些活动不仅能帮助你缓解工作的压力，还能促使你养成健康、平衡的生活习惯，促进你的个人成长和能力发展，从而提高你的生活品质和工作效率。更重要的是，这样还能培养自己积极的人生态度，把工作当作快乐的生活过程。

人们常说，如果你没有时间休息，就一定有时间看医生。休息、娱乐也是保证身体健康运行的必要条件，完全可以把自己的业余活动当作本职工作一样认真对待，拿出足够的时间用在它们上面，如此便可保持一种放松、积极的状态。事业上过度的劳累和紧张，不仅不能让自己保持高效明智的状态，而且还会拖垮工作激情，使自己处于工作疲惫期。张弛有度的生活态度应该提倡和鼓励。可以每周腾出一定的时间去消遣、娱乐，放松地享受生活。特别是在事业遭到瓶颈的时候，娱乐活动是帮助自己疏解心中郁结、转移负面情绪的有效方法。

平衡的情绪才能造就幸福的生活。虽然职业或事业在大多数人的生活中占有很大的比重，但是在生活有规律的基础上，留出时间与朋友和家人相聚、参加健身运动、丰富精神生活、发展自我也同样重要。写时间日记，能看清楚自己的时间如何失衡地分配，也能让自己明白生活究竟在哪里失去了平衡。如果对自己过去的生活状态不清楚，那将很难掌握或调整生活的天平。

不要等情绪敲响警钟，再去花钱找心理医生解决，不妨现在就放下恼人的工作，花一些时间在娱乐休闲上，而后带着激情重新投入工作。

第十一章

心理暗示能左右心情

绕过苦难直达目标需要积极暗示

积极的自我暗示能够不经意的影响我们的心理和行为，增强我们的自信心，克服我们的畏难心理，从而情绪也能向好的方向转变。

当我们要参加某种活动或面临竞争时，一定要用积极的自我暗示为自己注入情绪力量，让自己产生勇气、增强自信，从而取得出人意料的优异成绩。

多年前，一个世界探险队准备攀登马特峰的北峰，在此之前从没有人到达过那里。记者对这些来自世界各地的探险者进行了采访。

记者问其中一名探险者："你打算登上马特峰的北峰吗？"他回答说："我将尽力而为。"记者问另一名探险者，得到的回答是："我会全力以赴。"

　　记者问第三个探险者，这个探险者直视着记者说："我没来这里之前，我就想象到自己能攀上马特峰的北峰。所以，我一定能够登上马特峰的北峰。"

　　结果，只有一个人登上了北峰，就是那个说自己能登上马特峰北峰的探险者。他想象自己能到达北峰，结果他的确做到了。

　　你自信能够成功，那么成功的机会就越大。每当你相信"我能做到"时，自然就会寻找"如何去做"的方法，并为之努力。无论做什么事，我们都应该在实现目标之前进行积极的自我暗示，这样，情绪本来只有五分，会因你的积极暗示变成十分，我们就更容易成功。

　　我们的大脑存有两股力量，一股力量使我们觉得自己能够成为伟人；另一股力量却时时提醒我们："你办不到！"这样一对矛盾的内部力量的斗争，在我们遇到困境与失败时，会变得更加激烈。我们做人最大的敌人是自疑和害怕失败。它们经常扯我们的后腿，不让我们去尝试，或在失败后给我们打击；它们吸取我们的能量，使得我们不能充分发挥自己的能力。

　　许多时候，在我们的征途中，我们会萎靡不振，感觉生活走到了尽头，好像人生的音乐从自己的生活中消失了。但是，其实音乐依然在我们心中。不论什么时候，不论在哪里，也不论我们的环境如何恶劣，我们的遭遇如何不幸，生活的音乐始终不会消失。它在我们的心里，只要我们注意听，我们就会发现它的美妙。

　　做任何事，我们都要想到成功，不要在心里制造失败，要想办法把"必定会失败"的意念排除掉。这样我们才能克服畏难的心理，消除悲观情绪的障碍，积极地向成功的目标迈进。

那么，如何进行积极的自我暗示呢？有没有什么技巧呢？以下是培养积极自我暗示的几种方法：

（1）每天有意用充满希望的语调谈每一件事，谈你的工作、你的健康、你的前途。"存心"对每件事采取乐观的态度。

（2）想着"我将要成功"而不是会失败。当你建立成功的信念后，你的才智会积极帮你寻找成功的方法。

（3）乐于接受各种创意。要丢弃"不可行""办不到""没有用""那很愚蠢"等思想渣滓。

（4）与自己亲近的人谈谈心，请他们帮助你告别过去，让他们在你犯下错误时提醒你。

（5）不要说"我就是这样"，而说"我曾经是这样"。

（6）不要说"我也没办法"，而说"只要努力一下，我就可以改变自己"。

（7）不要说"我一直是这样"，而说"我一定要做出改变"。

（8）不要说"我天生就是这样"，而说"我曾认为自己生性如此"。

不要小看这些细微的暗示，正所谓三人成虎，暗示如果多了，我们就会渐渐地信以为真。同时，暗示不是自我欺骗，是通过暗示产生积极正面的情绪，再由情绪带动我们的行动。所以，多一些健康的暗示，能让我们的生活远离苦难，渐渐驶向幸福的彼岸。

积极的自我暗示激发潜能

前面已经提过暗示是一种特殊的心理意识，对人的情绪有巨大的影响。现代科学证明，暗示对于人体的生理机能也有明显的影响。

有人曾做过这样一个实验，设计一个两端平衡的跷跷板，让实验者躺在上面假想自己正骑自行车。虽然身体未动一丝一毫，但不断地自我暗示使没有外力作用的平衡跷跷板朝脚底倾斜。原来假想的意向性运动使实验者的下肢血管扩张，血流向下肢，敏感的跷跷板就发生了变化。

暗示可以分为积极暗示和消极暗示。消极的暗示能扰乱人的情绪、行为及人体生理机能并造成疾病。许多神经衰弱官能症患者，往往由于消极的自我暗示而加重病情。心理学家指出，如果你反复进行消极的自我暗示，便会形成根深蒂固的消极模式，使自己在潜意识或无意识中做出行为。

当你发现自己的情绪被消极暗示束缚而无法自拔时，可以运用积极暗示，并且做到持之以恒，积极的暗示就会起潜移默化的作用，逐渐唤醒体内积极的暗示作用，达到健全心理机能的功效。

积极的自我暗示，是对某种事物有利、积极的叙述，是情绪的正面表达，这是使一种我们正在想象的事物保持坚定和持久的表达方式。进行肯定的练习，能让我们开始用一些更积极的思想和概念来替代我们过去陈旧的、否定性的思维模式，这是一种强有力的技巧，一种能在短时间内改变我们对生活的态度和期望的技巧。

自我暗示有很多种方法：可以默不作声地进行，也可以大声地说出来，还可以在纸上写下来，更可以歌唱或吟诵，每天只要十分钟有效的肯定练习，就能抵消我们许多年的思想习惯。归根到底，都是一种积极心态在起作用。我们经常意识到我们正在告诉自己的一切，如果选择积极的语言和概念，就能够很容易地创造出一个美好的现实。

摩拉里在很小的时候，就梦想站在奥运会的领奖台上，成为世界冠军。

1984 年，一个机会出现了，他可以在自己擅长的项目中，成为全世界最优秀的游泳者。但在洛杉矶奥运会上，他只拿了亚军，梦想并没有实现。

他没有放弃希望，仍然每天在游泳池里刻苦训练。这一次目标是1988 年韩国汉城奥运会金牌，他的梦想在奥运预选赛时就烟消云散了，他竟然被淘汰。

带着对失败的不甘，他离开了游泳池，将梦想埋于心底，跑去康乃尔念律师学校。在以后的三年的时间里，他很少游泳。可他心中始终有股烈焰在熊熊燃烧。

离 1992 年夏季赛不到一年的时间，他决定孤注一掷。在这项属于年轻人的游泳比赛中，他算是高龄者，就像拿着枪矛戳风车的现代堂吉诃德，想赢得百米蝶泳的想法简直愚不可及。

这一时期，他又经历了种种磨难，但他没有退缩，而是不停地告诉自己："我能行。"

在不停地自我暗示下，他终于站在世界泳坛的前沿，不仅成为美国代表队成员，还赢得了初赛。

他的成绩比世界纪录只慢了一秒多，奇迹的产生离他仅有一步之遥。

决赛之前，他在心中仔细规划着比赛的赛程，在想象中，他将比赛预演了一遍。他相信最后的胜利一定属于自己。

比赛如他所预想，他真的站在领奖台上，颈上挂着梦想的奥运金牌，看着星条旗冉冉上升，听到美国国歌响起，心中无比自豪。

摩拉里没有被消极思想所打败，在艰苦的环境中，他不断地进行积极的自我暗示，终于打破常规，获得奇迹般的胜利。

自我暗示是世界上最神奇的力量，积极的自我暗示往往能提升人的情绪力量，唤醒人的潜在能量，将他提升到更高的境界。

潜能是一个巨大的能量宝库，积极心态是开启这座宝库的金钥匙。不断地对自己进行积极暗示，就能够发掘这座巨大的能量宝库，发挥无穷的力量，创造出一个又一个奇迹。

意识唤醒法使人走出悲伤情绪

世事变幻无常，有时候人们难免会陷入失意情绪之中。心理学家认为，这是人们的自我意识没有被唤醒，一旦沉睡在他们心底的意识苏醒，他们会轻松跨过难关。心灵觉醒的人，能够清醒地看到自己的人生状态并会为自己的人生负责，他们的正面情绪也是觉醒的；而心灵沉睡的人，常常会迷失在生活里，他们的正面情绪也并不活跃。如果你能激发他们的心灵，他们就能从悲伤情绪中走出。

小姜的一个同学因患黄疸型肝炎被学校劝退休学，为此整天愁眉苦脸，总认为自己的病没有好转的可能，因而产生了悲观情绪，丧失了信心。小姜放假时，到这位同学住的医院探视他。一见面他就做出一副欣喜状，对这位同学说："哥们儿，你的脸色比以前好多了嘛！听医生说，你的黄疸指数已有所下降，这说明你的病情在好转啊！"

小姜的话客观实在，使朋友的精神为之振作。于是，他乐观地接受治疗，加速了康复进程，不久便病愈出院了。

小姜富有情绪感染力的一句话，就让他的同学走出阴霾，重获希望。我们每个人的人生都不是一帆风顺的，人们在遇到各种变故的时候，产生负面情绪是正常的，例如烦躁、悲观、郁闷等。作为朋友的我们有责任帮他们走出负面情绪的泥沼，给他们安慰和鼓励。但是，安慰和鼓励并不代表帮助他们逃避自我的情绪问题，我们应该抓住某些好的方面，适时予以积极的暗示，这样才有助于唤起他们的自我意识，重新找回积极情绪。

上大四的小文恋爱三年了，不久前女朋友不知何故跟他分手了。他很伤心，整天精神恍惚。他的班主任王老师知道此事后，来做他的工作。

王老师一见到小文就说："我知道你失恋了，是来向你道贺的！"

小文很生气，转身就走。

"难道你不问问为什么吗？"小文停下来，等着听王老师的下文。

王老师说："大学生都希望自己快点成熟起来，失败能使人的心理、思想进一步成熟，这不值得道贺吗？大学生的恋爱大多属于非婚姻型，一是大学生在学习期间不大可能结婚，二是很难预料双方将来能否在一个地方工作。这种恋爱的时间又不长，随着知识的积累，人慢慢成熟了，就有可能重新考虑对方，恋爱变局也就悄悄发生了。应该说，这是大学生心理成熟的一种重要标志，你这么放任自己的感情，是心理成熟还是不成熟的表现呢？另外，越到高年级，大学生越倾向于用理智处理爱情。这时，感情是否相投，性格是否和谐，理想和追求是否一致，学习和工作是否互助互补，都会成为择偶的标准，甚至双方家庭有时也会成为重点考虑的条件，这就是择偶标准的多元化。这种标准多元化更是大学生心理逐渐成熟的表现，也符合普遍规律。你女朋友和你分手是不是出于择偶条件的全面考虑？你全面考虑过你的女朋友吗？如何处理你目前的感情失落，你该心中有数了吧？"

王老师先设置悬念——"祝贺你失恋"，把小文从情绪的泥沼中"唤"了出来，然后通过合情合理的分析，唤醒他的理智，多次用"大学生失恋不是坏事，而是心理成熟的标志"的观点来加以点拨。王老师就是通过一步步唤醒小文的自我意识，使他能够用理智来处理感情问题，从而约束自己的感情，恢复心理平衡。在这个过程中，小文沉睡的心灵得以苏醒，凝固的气场能量又能够重新流动。

从本质上讲，每个人都具有自我意识，只是被暂时的失意情绪蒙蔽了。因此，我们要帮助失意的人唤醒他们心底沉睡的狮子，即唤醒他们的自我意识、唤醒他们沉睡的心灵。这是一种对消除消极情绪非常有效的手段，可以用最短的时间使失意者幡然醒悟，重新面对积极的人生。

第十二章

给负面情绪找个出口

为情绪找一个出口

情绪的宣泄是平衡心理、保持和增进心理健康的重要方法。不良情绪来临时，我们不应一味控制与压抑，而应该用一种恰当的方式，给汹涌的情绪找一个适当的出口，让它从我们的身上流走。

在我们的生活中，可能会产生各种各样的情绪，情绪上的矛盾如果长期郁积心中，就会引起身心疾病。因而，我们要及时排解不良情绪。很多时候，只要把困扰我们的问题说出来，心情就会感到舒畅。我国古代，有许多人在他们遭到不幸时，常常赋诗抒发感情，这实际上也是使情绪得到正常宣泄的一种方式。

有人经过研究认为，在愤怒的情绪状态下，伴有血压升高的状况，这是正常的生理反应。如果怒气能适当地宣泄，紧张情绪就可以获得松弛，升高的血压也会降下来；如果怒气受到压抑，长期得不到发泄，那么紧张情绪得不到平定，血压也降不下来，持续过久，就有可能导致高血压。由此可见，情绪需要及时地宣泄。

尽管自控是控制情绪的最佳方式，但在实际生活中，始终以积极、乐观的心态去面对不顺心的外部刺激，是非常难做到的。所以，人们在控制情绪时常常综合应用忍耐和自控的方法，而且，为了顾忌全局，暂时忍耐的方法用得更多。所以，尽管在面对不愉快时会努力做到自控，但往往并非能做到真正的洒脱，还需要检验个人的忍耐力。然而，每个人的忍耐力都是有极限的，当情绪上的烦躁、内心的痛苦达到一定程度，最终会非理性地爆发出来。所以，在实际生活中，不能一味地压抑情绪，要懂得适当地宣泄，为自己的负面情绪找一个"出口"，将内心的痛苦有意识地释放出来，而要避免不可控地爆发。

有天晚上，汉斯教授正准备睡觉，突然电话铃响了，汉斯教授接起了电话，他一听才知道电话是一个陌生妇女打来的，对方的第一句话就是："我恨透他了！""他是谁？"汉斯教授感到莫名其妙。"他是我的丈夫！"汉斯教授想，哦，打错电话了，就礼貌地告诉她："对不起，您打错了。"可是，这个妇女好像没听见，如竹桶倒豆子一般说个不停："我一天到晚照顾两个小孩，他还以为我在家里享福！有时候我想出去散散心，他也不让，可他自己天天晚上出去，说是有应酬，谁知道他干吗去了！"

尽管汉斯教授一再打断她的话，说不认识她，但她还是坚持把话说完了。最后，她喘了一口气，对汉斯教授说："对不起，我知道您不认识我，但是这些话在我心里憋了太长时间了，再不说出来我就要崩溃了。谢谢您能听我说这么多话。"原来汉斯教授充当了一个听筒。但是他转念一想，如果能挽救一个濒临精神崩溃的人，也算是做了一件好事。

这位陌生的妇女之所以选择了汉斯教授作为自己情绪的出口，就是因为彼此不认识，这名妇女能轻松地将自己的情绪倾倒出来，而不会引起恶性循环。

所以，我们要找到合适的发泄情绪的管道，当有怒气的时候，不要把怒气压在心里，对于情绪的宣泄，可采用如下几种方法：

1. 直接对刺激源发怒

如果发怒有利于澄清问题，具有积极性、有益性和合理性，就要当怒则怒。这不但可以释放自己的情绪，而且是一个人坚持原则、提倡正义的集中体现。

2. 借助他物发泄

把心中的悲痛、忧伤、郁闷、遗憾借助他物痛快淋漓地发泄出来，这不但能够充分地释放情绪，而且可以避免误解和冲突。

3. 学会倾诉

当遇到不愉快的事时，不要自己生闷气，把不良心境压抑在内心，而应当学会倾诉。

4. 高歌释放压力

音乐对治疗心理疾病具有特殊的作用，而音乐疗法主要是通过听不同的乐曲把人们从不同的不良情绪中解脱出来。除了听以外，自己唱也能起同样的作用。尤其高声歌唱，是排除紧张、舒缓情绪的有效手段。

5. 以静制动

当人的心情不好，产生不良情绪体验时，内心都十分激动、烦躁，对此坐立不安，此时，可默默地侍花弄草，观赏鸟语花香，或挥毫书画，垂钓河边。这种看似与排除不良情绪无关的行为恰是一种以静制动的独特的宣泄方式，它是以清静雅致的态度平息心头怒气，从而排除沉重的压抑。

6. 哭泣

哭泣可以释放人心中的压力，往往当一个人哭过之后，发现心情会舒畅很多。当然，宣泄也应采取适当的方式，一些诸如借助他人出气、将工作中的不顺心带回家中、让自己的不得意牵连朋友等做法都不可取，于己于人都不利。与其把满腔怒火闷在心中，伤了自己，不如找个合适的出口，让自己更快乐一些。

不要刻意压制情绪

马太效应指的是好的越好，坏的越坏，多的越多，少的越少的一种现象。最初，它被人们用来解释一种社会现象，例如，社会总是对已经成名的人给予越来越多的荣誉，而那些还没有出名的人，即使他们已经做出了不少贡献，也往往无人问津。

其实，这一定律同样适用于人的情绪。也就是说，那些快乐的人，会越来越快乐；相对应的，那些压抑的人，总是感到越来越压抑。我们经常会看到这样一些人，他们总是抱怨自己人生的不如意，并由此产生了一系列的压抑情绪的心理问题。

心理学研究表明，情绪需要的是疏导而不是压抑，要勇敢地表达自己的情绪，而非拼命地压制。当你大胆地表达出你的真实情感时，目标将有可能实现，反则将事与愿违。

白雪是一个很美丽的女子，老公是她的初恋，因为爱，她一直都在迁就他。从大学恋爱到结婚，一直如此。而他，则有着别人不能反抗、永远是他对你错的嚣张气焰。他不喜欢她工作，她就得放弃工作在家带孩子。他不喜欢她的朋友，她就乖乖的一个朋友都不见，渐渐失去了一切朋友。每当他心情不好时，她都对他百般迁就与迎合，希望老公在自己的关爱与包容下，情绪会有所改善。可是，日子一天天过去，他的脾气非但没有改善，反而愈演愈烈。在她稍稍不听话的时候，得到的就是一顿狂风暴雨式的武力伺候。

她纵然有一千个想法，也从来不敢表达。她努力地迎合公公婆婆，得到的却永远是白眼多于黑眼的冷漠。她不敢对老公说让公公婆婆搬走另住，只好继续默默承受着除了丈夫之外的公公婆婆的冷暴力。

她从此很少说话，保持着令人崩溃的沉默，把一切放在心里。但却不曾料到，在这样的环境中，小时候非常活泼可爱的女儿居然也学会了迎合她的情绪。看到白雪哭的时候，她会安慰妈妈，唱歌给妈妈听，说老师夸奖她之类的话，其实白雪知道老师并没有表扬她。孩子在学校非常的自闭，没有朋友，常常一个人呆呆地不说话。这让白雪非常揪心。

9年的婚姻，9年的迎合，她从一个活泼快乐的公主变成了一个深度抑郁的女人，还影响到了孩子的成长。虽然跟双方的性格有关，但更是她一味迎合、纵容的结果。

白雪一味将自己的情绪压抑下来，其实对她的婚姻一点好处都没有。我们常说不敢表达自己真实想法的人是怯弱的，一个人如果连自己的所思所想都不敢让别人知道，别人又怎敢相信他。所以不要压抑自己的真实想法与情绪，当自己想表达某种情绪时，就要勇敢地表达出来。

那么该如何排解自己的压抑情绪，让想法顺利地表达出来呢？我们通常可以采取以下几种方法：

1. 鼓励自己，给自己勇气

缺乏信心是我们不敢表露真实情绪的一个原因，由于在乎对方的看法或情感，于是我们开始压抑自认为不利于双方关系的情绪。

这个时候，我们需要给自己勇气，告诉自己即使对方不认可也没有关系，心里也会觉得坦然，情绪也就很自然地表露出来了。

2. 情绪表达要平缓

情绪即使再激烈，也可以选择一种相对轻缓的方式来表达。否则很容易遭到对方的情绪反抗，沟通也就不能再继续进行了。

我们要试着对别人说"我现在很生气……"，而不是用各种激烈的指责或行动来表达生气，情绪是可以"说出来"的。

3. 学会拒绝别人

在某些时候，如果你想拒绝别人，也要大胆地表达出来。但是拒绝是讲究技巧的，太直率的拒绝可能会影响双方的关系。在拒绝对方的时候，你要考虑到对方的心理感受，可以肯定而委婉地告诉他你没法答应，并表达你的歉意。

4. 学会赞美与肯定

赞美是一种有效的人际交往技巧，能在很短时间内拉近人与人之间的距离，消除戒备心理。每个人都渴望听到赞美和肯定的话，真诚的欣赏与赞扬，会使你的人际关系更加和谐，也便于你顺利表达自己的想法。

大自然水库的水位超过警戒线时，水库就必须做调节性泄洪，否则会危害到水库的安全。倘若此时不但没有泄洪，反而又不断进水时，水库就会崩溃。人的情绪也是一样，当需要表达的时候，请先勇敢地迈出沟通的第一步。

情绪发泄掌握一个分寸

关于情绪发泄，一个男人曾经这样说过：只要给女人发泄的机会，女人就会像开足马力的机器，让你无处可退，最终崩溃。相对于男人而言，女人更喜欢通过倾诉的方式释放和发泄自己的情绪，但是有些女人往往不能掌握情绪发泄的度，结果导致自己像个失控的魔鬼，影响到自己的生活。

其实，当人产生负面情绪时，发泄是一个很好的途径，能最快地甩掉情绪的包袱，但是我们现在很多人面临的问题是把握不住这个发泄的度。一旦发泄过度，就会对我们的人际关系产生影响，没有人喜欢和不分场合、不分时机、不分轻重随意发泄情绪的人做朋友。我们需要将情绪发泄得恰到好处，才能保证生活的平和。

赵佳是北京某技术公司的总经理，由于她经常出差，甚至有时候要加班，她发现自己大多数的时间都放在工作上，时间一长，她便对自己的工作状态感到烦躁。

当意识到自己的工作状态不佳时，她就想借助运动或者唱歌发泄一下。她喜欢打网球，每每工作烦躁的时候，她就叫上几个同伴一起打网球，或者去KTV发泄一下。她认为打网球和唱歌都是发泄的好办法，特别是将心中的郁结通过打网球打出去或者唱歌唱出来的那一瞬间，仿佛一切都放下了。等发泄完了，她又重拾好心情，继续工作。

赵佳借助网球或者唱歌的方式来发泄自己的负面情绪，其实就是一种恰到好处的发泄方式，这种方式不仅调整了自己的情绪，而且也获得了乐趣。

负面情绪必须释放出来，如果不发泄出来的话，心灵的堤坝就会崩溃。而释放与发泄情绪所要做的就是用语言或者是动作把情绪表达出来，从而让处于战争中的躯体和大脑达成共识。当我们处于负面情绪状态时，正确的疏导才能让情绪发泄得恰到好处。

首先，我们应该体察自己的情绪变化。了解自己的情绪波动是控制情绪的第一步，就像医生医治病人一样，必须先了解病人的病症，然后才能对症下药。如果你连自己的情绪变化都不了解，又谈何控制和治理。唯一不同的是情绪必须自己感知，然后自己控制。

但是适当的情绪释放与发泄并不容易掌握，大多数人常会犯这样的错误：本来是在诉说自己的情绪问题，最后却误转了矛头，本来倾听的那个人成为箭靶子，你已忘记了你的初衷。

其次，分析自己的情绪。寻找自己情绪变动的原因并有针对性地找到解决方案。情绪发泄与释放首先要对自己的情绪负责，必须认识到无论有什么样的情绪，都不应责怪和转嫁给他人。分析情绪的过程也是梳理个人情绪变化的过程，当分析情绪时，个人处于一种冷静、理性的状态，便于找到情绪源，从而利于缓解不良情绪。

　　再次，情绪归类。分析完情绪之后，就要将我们的情绪归类，到底属于有益的负面情绪，还是有害的负面情绪，程度的深浅又是如何，自己以往有没有相同的情绪体验，当你把这一次的情绪贴好标签后，所有情况就会一目了然。

　　最后，调控情绪。心理学认为："人的情绪不是由某一诱发性事件本身所引起的，而是经历了这一事件的人对这一事件的解释和评价所引起的。"这是心理学著名的一条理论。当找到诱发情绪的原因之后，接下来就是调节情绪了。当一个人情绪低落的时候，要学会找一种适合自己的调节方法，如转移注意力、运动发泄，等等，以促使自己的情绪始终处于平衡之中，使自己的心境始终处于快乐之中。情绪发泄要恰到好处，就是要注意情绪发泄的度。发泄不满情绪，并不是单纯为了宣泄不满情绪，更不是"泼妇骂街"，不要因为过分的情绪发泄而摧毁了自己好不容易建立起来的光辉形象。在发泄情绪时千万注意要就事论事，不要进行人身攻击，否则事情的性质就改变了，也很难善后。

　　经营生活，其实就是经营心情。我们学会了不随意发泄情绪，也就能够成功地管理心情了，从而掌握好了自己的人生。

把负面情绪写在纸上

释放负面情绪的方式很多，"把负面情绪写在纸上"是非常流行的一种排解负面情绪的方法。这种方法简单且随意，在动笔将负面情绪写在纸上的过程中，自己的情绪已经得到表达和排解，内心也会有一种欣慰和解脱之感。

其实，生活中的每个人都需要倾诉内心的喜怒哀乐，把负面情绪写出来是缓解压抑情绪的重要方法。它的做法非常简单：将那些自己无法解决的困难或烦恼逐条写在纸上，将无形的压力化作"有形"。这样，原本紧张的情绪便可得到舒缓，思路会变得清晰，自己也能更冷静地解决问题。

瞿先生在一家公司供职约十余年，近些天因为升职的事情，心里非常郁闷。身边和自己同时进公司的同事乃至比自己晚进公司的同事都得到升迁，唯独自己升迁的机会非常渺茫。

面对这种情况，瞿先生在很长的一段时间里情绪都非常低落。他说："我非常恼火，而且这种感觉还一直在扩张，以至于我觉得非离开这家公司不可。但在写辞职信之前，我随手拿了一支红水笔，将我对公司领导层的意见都写在纸上，写着写着，我的心境就开朗起来，好像负面情绪悄悄离开了一样。写完之后，我就把这些纸张收起来，并和老朋友说了这件事。"

朋友建议瞿先生用另一种颜色的笔，将每一位领导的才能和优点写出来，然后又让他把自己想晋升的职位、需要具备的素质甚至未来的规划等都一一写在纸上。两种颜色的纸张一对比，瞿先生的愤怒便马上消减。他又充满了激情，明白了自己怎样努力才能实现目标。

自此，瞿先生就找到了一种发泄情绪的好办法。他总是随身带着纸笔，每当自己有什么想法的时候，就习惯性地先将想法写在纸上。"这是一种很好又很安全的控制情绪的方法，每当我写完之后，就感到一身清爽，时间长了，我控制和调节情绪的能力也越来越强。"他这样说道。

当情绪需要发泄时，不妨像瞿先生那样，养成将情绪写在纸上的习惯。作家罗兰在《罗兰小语》中写道："情绪的波动对有些人可以发挥积极的作用。那是由于他们会在适当的时候发泄，也在适当的时候控制，不使它泛滥而淹没了别人，也不任它淤塞而使自己崩溃。"情绪宣泄的方法有很多种，如：倾诉、哭泣、高喊等。适度的宣泄可以把不快的情绪释放出来，使波动情绪趋于平和。当你心中有烦恼和忧虑时，可以向老师、同学、父母兄妹诉说，也可用写日记的方式进行倾诉。

第十三章

懂得表达自己的情绪

用表情传递你的情绪

　　一个人的情绪往往通过他的表情表现出来。生活中，要懂得察言观色，才能更好地与人交流。不懂得观察表情的人，无法体会他人的情绪，也就没办法与他人沟通。这是社会上必需的交流技巧，更是职场上必须学会的阅读工具。

　　人的表情有很多种，喜怒哀乐尽显其中。每个人都有不同的个性，表情也各有不同。但是只要平时多留意一下对方的表情，随时注意身边的环境、气氛变化，就可以很好地把握他人的情绪。俗话说：知己知彼，百战不殆。当你真正了解一个人的时候，你就可以从他的表情中及时把握他的情绪脉搏。当然对于初次见面的人，要想掌握他的情绪，就要设身处地地从他的角度考虑问题。掌握了他的情绪，再对症下药，那么你所要办的事情也就迎刃而解了。

李明是一家小公司的普通员工。一天，他觉得身体不舒服，就来到了公司附近的诊所看病。当时恰好是周末，诊所的人特别多。医生忙得团团转，根本就没办法专心地给人看病，人群的不满和叫嚷声此起彼伏。一见这阵势，李明也犯起了愁。

好不容易轮到他，他心里早就已经不耐烦了。可那个医生更是疲惫不堪，身边堆了一大堆病例，还要接不断打进来的电话，看病人都已经不愿意抬头了。于是，李明在病历本上写下了一句话："您的项链真漂亮，一看就很有品位。"

烦躁的医生看到了这句话，脸上的表情缓缓舒展开了，微微抬起头，说："谢谢！"

李明接着说："是您把它戴得非常美丽。"这时候，医生显然有点不好意思了，不过脸上尽是得意的笑。

李明趁热打铁："项链这么好看，感觉挺时尚的，是今年的新款吧？"

"是的，刚买没几天，我们这儿的同事也说好看，"医生像是找到知音似的，美滋滋地摸了一下自己的项链，"是我老公送的。"

"哦，你老公真体贴啊！真是让人羡慕呢！"李明发现医生的表情已经变得轻松畅快了。经过闲聊，医生的烦躁已经烟消云散了，认真地对李明进行了检查，开了药。李明也心满意足地走了。

李明简简单单的一句话起到了良好的效果，既缓解了医生疲惫的身心，能够为自己赢得好的治疗，同时也抚平了自己烦躁不安的情绪。

观察别人的表情是有技巧的：

首先，要善于捕捉他脸上的表情符号。专家研究表明，我们在沟通时，超过50％的效果取决于面部表情。面部表情主要有：喜悦、悲伤、厌恶、愤怒、惊讶、恐惧。及时捕捉对方说话时的每一个表情符号，能够准确地判断他的意图。虽然有的人故意掩饰自己的行为动作，但是他脸上的表情会泄漏他的秘密。

其次，辨别表情，离不开脸上的线条。嘴角和眉毛的上扬或下垂，嘴的开合，眼睛睁大或微眯，以及额头紧蹙或舒展。这些细节往往被人们忽略。我们看他人的表情，就要找准这些"线条"，从而敏锐地判断他人的情绪。

每个人的情绪表达方式是不一样的，这增加了观察的困难。但只要细心观察，加上长期锻炼，相信你就会成为一个察言观色的高人。慈禧太后的城府极其深，不也被李莲英琢磨得相当透彻吗？所以，每个人都可以掌握他人的情绪，这就看你的眼睛是否锐利。

了解语言中的深层情绪

人与人之间的交流，都是通过对话来实现的。领会他人话语中的含义，才能有效地实现情绪上的互动。有时候，往往可以从他人的话语中，感知他人的情绪，判断对方当时的心理。结合谈话的场景和环境，就顺利沟通。如果无法体会对方的情绪，不仅会使交流出现困难，甚至某些情况下可能产生误会，这就是所谓的"会错意"。

会错意，顾名思义，就是把对方的意思理解错误。通常情况下，如果双方的交流不是特别频繁，或者了解不够透彻，那么就应该注意对方说话的语气和语调。毕竟汉语的字面意思是很好理解的，但是，汉语博大精深，有些时候，即使用词上有一个细小的差异，表达出的意思也会是不一样的。与人交流，首先就要明白对方的意思，否则，理解出现了偏差，就会导致误会和矛盾的产生。这就好比男人和女人之间的沟通障碍。女人思维感性，说话往往偏向于感情的交流；男人则偏向于事情的逻辑顺序。如果不能从对方的话语中理解对方的情绪，双方的交流就变得扑朔迷离。生活中也是这样。每个人的性格特点都有差异，只有体会他人话语的意思，准确抓住对方的情绪波动，才能更好地实现交流互动。

张杰是某大学篮球队的主力，林楠是啦啦队的队长，两人认识不久就坠入爱河。张杰很爱交朋友，为人爽朗，但就是不善于揣度女孩子的心思；林楠属于心思细腻的女生，感情比较丰富，两人起初进展得挺顺利，可时间一长，问题就出来了。

每逢篮球比赛结束，张杰就拉着林楠出去跟朋友聚会。林楠虽然不是特别讨厌聚会，但她担心张杰太累，想让他早点回去休息。于是，几次之后，就劝张杰改天再聚。为人耿直的张杰没有体会到林楠的好意，还以为林楠故意想疏远他跟朋友的关系，两人因为这件事情总是争吵不断。

一次，刚进行完比赛，林楠找到张杰，说自己有点累。张杰说："那这次的聚会你就不要参加了，回去好好休息吧！"林楠心里本来就不高兴，想让张杰送她回家，一听这话，立马不高兴了，怒气冲冲地说："我自己一个人害怕！"可怜的张杰还是没有觉察出林楠的不高兴，随口说道:"那就找个同学陪你吧!"没等张杰说完,林楠就气呼呼地跑了。

张杰没有理解林楠话中的真实意图,没有体会林楠的情绪,导致误会的产生。男女朋友之间,本就应该了解对方的性格特点和说话方式。为人爽朗的张杰揣测不到林楠的小心思,林楠又是一个不愿意直接表达自己想法的女孩子,两人的矛盾,就在于都无法通过对方的话语判断对方的情绪。如果林楠了解张杰的个性,恐怕也不会因为张杰对自己疏忽而生气了。中国人讲究含蓄之美,说话也不例外,常常不会把话说得特别清楚,所以两个人必须相当默契,才有可能完全明白对方话中含带的情绪。

生活中这样的状况时有发生。真正的成功者,懂得运用自己的感官和听觉能力,识别他人话中表达的情绪,从而实现零距离沟通。

倾听他人话中的情绪很重要,明白无误地表达自己的情绪同样重要。如果你无法通过话语,把自己的内心真实地表达出来,对方也就无法聆听你内心的声音了。

那么,如何通过说话传达你的情绪呢?

首先,语气一定要温和婉转。声调要和悦柔顺,使听者悦耳;态度要温和诚恳,使见者动容;措辞要圆润周到,使听者感动;三者缺一,绝不能算是婉转。

其次,要明达不紊,条理清楚,措辞准确。语言要层次分明,先后有序,应该说的话,用最经济的说法表达出来;不必说的话,一句都不说,这种措辞组织,都须有相当分寸,事前当然要有一番准备的,否则临时应付,肯定有很多遗漏,算不上明达了。

最后，语气要诚恳亲切。你可以用柔和的眼光，正视对方，态度诚恳，语气诚恳；最不好的现象，是对话时双手搭着天平架子，挺着胸脯，双目视于他处，更不能耷拉着头，表示出一种可怜兮兮的神情。

懂得了倾听，学会了倾诉，准确地理解了他人的情绪，同时也正确地表达了自己的情绪，才能真正做情绪的主人，进而与他人顺利沟通。

隐藏在习惯动作中的情绪

下意识的习惯动作往往能真实地暴露一个人的情绪。研究表明，人可以掩饰自己的语言，但是肢体语言无法掩饰。一旦某些小动作形成习惯，就会在不自觉的时候表现出来。与人交流的时候，通过他人不经意的小动作，可以巧妙地判断对方的情绪变化。每个人都有这样的直觉，只是有的人没有在意这样的小细节。比如，有的人喜欢在不知所措的时候摸一下自己的鼻子。这是情绪紧张引起的鼻腔组织充血造成的瘙痒。再比如，有的人喜欢兴奋的时候翘起小腿，有的人习惯在紧张的时候东张西望。这样的小动作就能帮我们向对方传递情绪信息。但是，如果表达不准确，就会引起他人的误解。

每个人都有一些习惯性的小动作。有时候，这些小动作在他人眼中或许不是特别重要，但是，我们应该小心，如果造成一定的误会，得不偿失。日常生活中，小动作主要有以下几种：

1. 吐舌头

有的人喜欢在做错事情或者搞恶作剧的时候，频繁地吐舌头。这表面上看起来像是很可爱的表现，实际上是不自信的表现。心中缺乏勇气，人体就会不自觉地做出一些应急反应。

2. 东张西望

有的人与他人交谈时，会不自觉地东张西望，或者摆弄自己的衣角，或者不知道手该放在哪里。这样的小动作，或许是因为紧张情绪调动身体内部组织的运动带来的一些外在的表现。

3. 时常对别人动手动脚

有的人，在与熟悉的人交谈时，为了表示亲密，或者为了表示对别人的同情和安慰，常常拍拍对方的肩膀，这是一种骄傲的情绪表现。感觉自己比对方有优势，从而生发出对对方的怜悯。

4. 用手捂嘴

有的人，与人交谈时，经常会下意识地捂住自己的嘴，这是害羞情绪的表现。这样的人，不善于在别人面前展示自己，害怕出状况，经常会用这样的小动作来掩饰自己内心的不安。

另外，很多人总担心不能引起别人的注意，所以会精神紧张，表情、动作僵硬等从而产生很多潜意识的小动作。其实，只要努力提高自身素质，有意识地锻炼自己，临场时就会放松心情，释放自己独有的个性和特质。免去了矫揉造作，对方也会因为你的率真而喜欢你。交流起来也就顺畅了。

第十四章

正确地思考才能拥有好情绪

执着，但不固执

执着是一种很好的品质，但执着与固执只在一念之间。执着过头了，就会变成固执，在遇到任何事，如果固执不肯改变，情绪就一直处于紧绷的状态，一旦有人提出反对，或是有外物影响自我，都有可能让自己情绪爆发。所以我们无论做人还是做事，都要学会在思考上保持理智，在情绪上保持冷静。只有理智和冷静，才能找到情绪表达的度。

固执地坚守某一样事物，不愿有丝毫改进，往往容易偏离目标，铸成大错。做人做事都不可以太固执，应该充分考虑他人的意见，因为没有一个人的思想总是正确无误的。执着地追求某一样东西，是需要智慧的，如果不切实际地坚持一己之见，不接受新事物，不愿做丝毫的改进，那么，所追求的目标肯定很难实现。

许多人常咬定"青山"不放松，绝不言放弃，却只能败得一塌糊涂。事实上，换一个角度，换一种方法，将会"柳暗花明又一村"。人们无一例外地被教导过，做事情要有恒心和毅力，比如："只要努力、再努力，就可以达到目的。"但是，有时你如果按照这样的准则做事，你就会不断地遇到挫折和产生负疚感。由于"不惜代价，坚持到底"这一教条的影响，那些中途放弃的人，常常被认为"半途而废"，令周围的人失望。

有一个年轻人出生在农村，他从小就渴望成为一个作家。为此，他十年如一日地努力着。他每天坚持写作500字，一篇文章完成后，他反复修改，直到自己满意之后，才满怀希望地寄往远方的报社、杂志社。

可是，多年以来，他写的东西从没有只字片言变成铅字，甚至连一封退稿信也没有收到过。29岁那年，他总算收到了第一封退稿信。那是他坚持投稿的刊物的总编寄来的，信中写道："……看得出，你是一个很上进的青年。但我不得不遗憾地告诉你，你的知识面过于狭窄，生活经历也相对苍白，这些说明你可能不适合创作这条道路。但我从你多年的来稿中发现，你的钢笔字越来越出色……"

这个投稿的年轻人就是张文举，现在是有名的硬笔书法家。记者们去采访他，提得最多的问题是："您认为一个人走向成功，最重要的条件是什么？"

张文举说："一个人能否成功，理想很重要，勇气很重要，毅力很重要，但更重要的是，人生路上要懂得舍弃，更要懂得转弯！"

执着，但不固执，就是要适时调整自己的状态和方向。张文举不适合当作家，却意外地成为一个书法家。"条条大路通罗马"，此路不通，请走彼路。人的成长路途中有许多的机遇，只要变通一下，也许就会柳暗花明。

坚持是一种良好的品性，可是如果这个目标是错误的，而他仍要奋力向前，并且又自以为自己意志坚定、态度坚决，那么，由此导致的恶劣后果，恐怕比没有目标更为可怕。因为，在错误的道路上，过分坚持会让我们迷失在自己的情绪困境中，从而导致更大的失败。这个时候所做的所有努力都是徒劳的。成功者的秘诀是随时检视自己的选择是否有偏差，合理地调整目标，放弃无谓的坚持，轻松地走向成功。

我们无法改变生存的外在环境，但是我们可以转换一下自己的思维，适时改变一下思路，只要我们放弃了盲目的执着，选择了理智的改变，就有可能开辟出一条别样的成功之路。世界上没有死胡同，关键就看你如何去寻找出路。

其实，有些事情，你虽然付出了很大努力，但你会发现自己却处于一个进退两难的境地，这时候，最明智的办法就是抽身退出，寻找其他的成功机会。

没有果敢的放弃，就没有辉煌的选择。与其苦苦挣扎，撞得头破血流，不如潇洒地挥挥手，勇敢地选择放弃。

懂得放弃是具有较高情绪控制能力的表现

忧郁、无聊、困惑、无奈以及一切的不快乐的情绪，都和我们的要求有关。我们之所以会产生这些情绪，是因为我们渴望拥有的东西太多了；或者，太执着了，不知不觉，我们已经沉迷于某个事物中了。"把手握紧，什么都没有，但把手张开就可以拥有一切。"

假如在一个暴风雨的夜里，你驾车经过一个车站。车站上有三个人在等巴士，其中一个是病得快死的老妇人，一个是曾经救过你命的医生，还有一个是你长久以来的梦中情人。如果你只能带上其中一个乘客走，你会选择哪一个？

很多人都只选了其中唯一一个选项。而最好的答案是，"把车钥匙给医生，让医生带老妇人去医院，然后我和我的梦中情人一起等巴士"。

大部分人从来不想放弃任何好处吗？就像那把车钥匙，有时候，如果我们可以放弃一些固执、限制甚至是利益，我们反而可以得到更多。这里有很多关于取和舍的深层问题。

在人生的旅途中，需要我们放弃的东西很多。如果不是我们应该拥有的，我们就要学会放弃。几十年的人生旅途，会有山山水水，风风雨雨，有所得也必然有所失，只有我们学会了放弃，我们才会拥有一份成熟，才会活得更加充实、坦然和轻松。

放弃一件事情，也许会开启另一道成功的门。生活是一个单项选择题，每时每刻你都要有所选择，有所放弃，要追求一个目标，你必须在同一时间放弃一个或数个其他的目标。该放弃时就放弃，不要在犹豫不决中虚度光阴，否则到最后可能会一无所有。

在一间很破的屋子里，有一个穷人，他穷得连床也没有，只好躺在一张长凳上。穷人自言自语地说:"我真想发财呀,如果我发了财,绝不做吝啬鬼……"

这时候,上帝在穷人的身旁出现了,说道:"好吧,看你那么穷,我就让你发财吧,我会给你一个有魔力的钱袋。"

上帝又说:"这钱袋里永远有一块金币,是拿不完的。但是,你要注意,在你觉得够用了时,要把钱袋扔掉才可以开始花钱。"说完,上帝就不见了。在穷人的身边,真的有了一个钱袋,里面装着一块金币。穷人把那块金币拿出来,里面又有了一块。于是,穷人不断地往外拿金币。穷人一直拿了整整一个晚上,金币已有一大堆了。他想:啊,这些钱已经够我用一辈子了。

到了第二天,他很饿,很想去买面包吃。但是,在他花钱以前,必须扔掉那个钱袋。于是,他拎着钱袋向河边走去。他又开始从钱袋里往外拿钱。每次当他想把钱袋扔掉时,总觉得钱还不够多。日子一天天过去了,穷人完全可以去买吃的、买房子、买最豪华的车子。可是,他对自己说:"还是等钱再多一些吧。"他不吃不喝地拿。同时,他也变得又瘦又弱。终于,他倒了下去,死在了他的长凳上。

在现实生活中,也有很多这样的人,他们舍不得放弃任何东西。因为不能放弃,不能放手,他们要面对很多无奈的痛苦,因而深陷在无法自拔的情绪困境之中。

放弃,是一种智慧,是一种豁达,它不盲目、不狭隘。放弃,为我们的情绪提供一个相对宽松的环境,它滋润了心灵,它驱散了乌云,它清扫了心房。有了它,人生才有坦然的心境;有了它,生活才会阳光灿烂。

很多人在生活中，往往都会为是否舍弃一种生活追求而犹豫不决。优柔寡断是不可取的。一个人的精力是有限的，如果每件事情影响到自己的情绪，自己肯定会吃不消。期望所有事情都有好的发展，结果可能一无所成。学会适时放弃，才是成大事者明智的选择。

由美国励志演讲者杰克·坎菲尔和马克·汉森合作推出的《心灵鸡汤》系列读本，被翻译成数十种语言，感动激励了无数的人。可是谁能想到在开始写作之前，马克·汉森经营的是建筑业呢？原来马克在建筑业经营彻底失败，自己也破产之后，果断地选择了放弃，选择彻底退出建筑业，并忘记有关这一行的一切知识和经历，甚至包括他的老师——著名建筑师布克敏斯特·富勒。他决定去一个截然不同的领域创业。很快，他就发现自己对公众演说有独到的领悟，而这是个容易赚钱的职业。一段时间之后，他成为一个具有感召力的一流演讲师。后来，他的著作《心灵鸡汤》和《心灵鸡汤2》双双登上《纽约时报》的畅销书排行榜，并停留数月之久。

马克放弃了建筑业，但是你不能简单地说他是个半途而废的人，他是一个会给情绪松绑的人。要知道，只有懂得放弃，才能做出更好的选择，才能获得成功。选择和放弃都是人生的智慧，太执着，占有欲太强只能给自己的人生增加负担。理智选择，果断放弃才能让自己轻装上阵，走向成功。

人的一生很短暂，而世界上又有那么多炫目的精彩，我们不可能抓住每一个精彩，这时候，放弃就成了一种大智慧。放弃其实是为了得到，只要能得到你想得到的，放弃一些对你而言并不必需的"精彩"，又有什么不可以呢？

我的快乐，我做主

真正的快乐是发自内心的，"我的快乐，我做主"。

其实，在这个世界上，每个人都有着不同的缺陷或遭遇不如意的事情，并非只有你是不幸的，关键在于如何看待和对待不幸。无须抱怨命运的不公，不要只看自己没有的，而要多看看自己所拥有的，这时你就会感到：其实我很富有。快乐的人总向前看，因为他们相信自己能主宰一切。

有一个人问神父："神父，您为什么那么快乐？我却觉得人生宛如苦海，您教教我得到快乐的方法好不好？"神父说："好呀，但你得先做三年的苦工才可以。"这个人坚定地说："可以的，为了得到这个妙方法，我心甘情愿做三年的苦工。"

于是往后的三年里，这个人就认真地工作着，因为有了快乐的追求目标，他每天都乐在工作中，爱在生活里。就这样，年复一年，三年苦工很快做满了，他恭恭敬敬地跪在神父的面前说："神父，您看我这三年的表现好吗？"

神父说："很好，你表现得很好，我今天要履约传法给你，不过还有个小条件，你要自我承诺，终其一生都要享用这个快乐的秘诀好不好？"这个人欣然道："好，好，好，我一定做到。"那么快乐的秘诀是什么呢？快乐的秘诀就是"无论身在何处，都要快快乐乐地活着"。这就是神父的"快乐法门"。

这个故事告诉我们，快乐与否都是自己做主的，从心里寻找快乐，这才是最好的捷径。

对于快乐的含义，每个人都会有不同的想法，而这种想法恰恰可以决定每个人是否真正快乐。有人觉得衣食无忧便是一种快乐；有人认为学业有成是一种快乐；有人说梦想成真是一种快乐；有人则说，玩就是一种快乐。那么，什么才是真正的快乐呢？谁不希望快乐？谁也不会拒绝快乐，"快乐"二字看上去很简单，可又有多少人明白快乐的真谛呢？

真正的快乐只是一种心态，一种你自己完全可以主宰，可以调整的心态；真正的快乐只是一种境界，一种你自己领悟，你自己进入的境界；真正的快乐也需要"悟"，这悟出的快乐不在他人的手里；你是一个快乐的创造者，当你明白这一点的时候，快乐永远伴随着你。

上帝把一捧快乐的种子交给幸福之神，让她到人间去撒播。临行前，上帝仍不放心地问："你准备把它们撒在什么地方呢？"

幸福之神胸有成竹地回答说："我已经想好了，我准备把这些种子放在最深的海底，让那些寻找快乐的人，经过惊涛骇浪的考验后才能找到它。"

上帝听了，微笑着摇了摇头。幸福之神思考了一会儿，继续说："那我就把它们藏在高山之上吧，让寻找快乐的人，通过艰难跋涉才能发现它的存在。"

上帝听了之后，还是摇了摇头，幸福之神茫然无措了。上帝意味深长地说："你选择的这两个地方都不难找到。你应该把快乐的种子撒在每个人的心底。因为，人类最难到达的地方，就是他们自己的心灵。"

"愚人累积金钱，智者累积快乐，与人分享仍取之不竭"，快乐是种子，它能生出更多的快乐。生活里有着许许多多美好的事物、许许多多的快乐，重要的是我们能不能发现。而要发现它，关键在自己。

可见，生活得快不快乐，全在自己对生活的态度和理解。快乐就在我们心里。当你跋山涉水寻找快乐时，为什么不去自己心里找一找？真正的快乐是发自内心的，你不需要戴着灿烂的笑容面具，就已显得容光焕发了。找到快乐唯一要做的就是摒弃你心中的忧虑、欲望、抱怨和仇恨。

改变态度：只看我有的

《伊索寓言》讲述了这样一则故事：

有一次，孙子和祖父进林子里去捕野鸡。祖父教孙子用一种捕猎机：它像一只箱子，用木棍支起，木棍上系着的绳子一直接到他们隐蔽的灌木丛中。野鸡受撒下的玉米粒的诱惑，一路啄食，就会进入箱子，只要一拉绳子就大功告成了。

祖孙俩支好箱子藏起不久，就有一群野鸡飞来，共有9只。大概是饿久了的缘故，不一会儿就有6只野鸡走进了箱子。孙子正要拉绳子，可转念一想，那3只一会儿也会进去的，再等等吧。等了一会儿，那3只非但没进去，反而走出来3只。

孙子后悔了，对自己说，哪怕再有一只走进去就拉绳子。接着，又有两只走了出来。如果这时拉绳，还能套住一只。但孙子对失去的好运不甘心，心想着还会有野鸡要进去的，所以迟迟没有拉绳。

结果连最后那一只也走了出来。孙子一只野鸡也没有捕到。

做人要知道满足，要懂得珍惜，不可贪得无厌。正是因为孙子不满足已有的，想要获得更多，最后一只野鸡也没有捕到。不满足恰好就是打开负面情绪盒子的魔鬼。现实生活中好多人对于已经拥有的都感觉不到满足，贪婪地想索取更多，却在不知不觉中失去了原有的美好事物。

人生究竟是黑白还是彩色，取决于我们的看法。我们一旦习惯看到人生的黑暗面，就会刻意去寻找黑暗的那一面，而忽略掉光明的一面，我们自然会被消极情绪所包围。多计算一下自己已拥有的，我们每个人都将是富人。

提起霍金，人们就会想到这位科学大师那永远深邃的目光和宁静的笑容。世人推崇霍金，不仅因为他是智慧的英雄，更因为他还是一位人生的斗士。

有一次，在学术报告结束之际，一位年轻的女记者面对这位已在轮椅上生活了30余年的科学巨匠，深表敬仰之余，她又不无悲悯地问："霍金先生，卢伽雷病已将你永远固定在轮椅上，你不认为命运让你失去太多了吗?"

这个问题显然有些突兀和尖锐,报告厅内顿时鸦雀无声,一片静谧。

霍金的脸庞却依然充满恬静的微笑,他用还能活动的手指,艰难地叩击键盘,于是,随着合成器发出的标准伦敦音,宽大的投影屏上缓慢而醒目地显示出如下一段文字:

我的手指还能活动,

我的大脑还能思维,

我有终生追求的理想,

有我爱和爱我的亲人和朋友,

……

心灵的震颤之后,掌声雷动。人们纷纷拥向台前,簇拥着这位非凡的科学家,向他表示由衷的敬意。

尽管霍金不得不依靠轮椅活动,但他依然能够保持温和的微笑,因为他只看自己拥有的。很多人为负面情绪所累,抱怨自己过得不好,生活得不幸,如果整天处于烦闷的情绪状态之下,那么他如何体会到生活的美好呢?这个世界不缺少善良,这个社会也不缺少感动,在人人都急功近利地追求着自己的梦想时,有几个人能想到"感谢"这个词语?这个最平常、最容易说出的词语,的确就根植在心里,而不是脱口而出的一句寒暄。

"身外物,不奢恋"是思悟后的清醒,它不但是超越世俗的大智大勇,也是放眼未来的豁达襟怀。谁能做到这一点,谁就会遇事想得开,放得下,活得轻松,过得自在。

如果一个人总是对失去的东西念念不忘，郁闷不已，就没办法做到淡定、知足。

　　你的人生是贫穷还是富有，是黑白还是彩色，都在于你自己。如果你能接受自己所有的缺憾，接受这份不完整的生命赐予，那么你就不会被外物侵扰，拥有平和快乐的心情，开心地对待自己的每一天。对于生命的苦难，我们不能把它当成是"谁"的错。接受自己，接受现实，相信我已富有、已完美，生命将无憾。

第十五章

掌控好老板给你带来的情绪

老板的批评应冷静对待

职场上的每个人，在挨骂或受到警告、指责时，心里都会不痛快。尽管你知道，这是再正常不过的事了，可还是常常会产生抵触和抱怨情绪，从而影响到你和上司的关系。面对上司的批评，应当保持冷静，首先要做的就是认真地承认错误。既然上司能够批评你，就说明你的工作存在漏洞。如果你坚持自己的观点，和老板争吵，闹得没有办法收场，那么，你跟老板的关系就会变得僵化。

黄芳是一家网络公司的设计师。一周前，她因为一个小错误导致公司的系统出现问题。老板当时就大发雷霆，斥责她工作不认真。黄芳虽然心里很不舒服，但毕竟是自己的错误，也就诚恳地认错了。但是，没过几天，公司的系统又出现问题。这次老板没有追查，直接找到黄芳，不问原因就把黄芳狠狠地批评了一通。黄芳心里非常委屈。但是，这一次，她觉得虽然不是自己的错误，但如果跟老板直接顶撞，对自己也没有任何好处。既不能解决问题，还在同事中造成不好的影响。于是她就承认了自己工作上的失误，并把问题解决了。

黄芳的做法，有的人会认为是懦弱的表现。然而，职场上只有冷静地对待老板的批评，才不会做出与自己身份不符的事情。其实，受到一两次批评并不代表自己就没有前途，更没必要觉得一切都没有希望了。上司批评你主要是针对你所犯的错误，除了个别有偏见的上司外，大部分的领导都不会针对员工个人。上司的本意是通过责备让你意识到错误，避免下次再犯，并不是觉得你什么事情都做不好，对你进行打击。如果受到一两次批评你就一蹶不振，精神萎靡，这样才会让上司看不起你，今后他可能也就不会再信任和提拔你了。

如果确实是你的错误，那么，老板批评你的时候，毫不犹豫地接受才是正确的。但是如果你是被冤枉的，尽管心里非常生气，非常不平衡，但是，你一定要等老板的脾气发完了才可以解释。在对待挨骂的态度上，我们不妨参悟一下河蚌的自卫方式。

河蚌身上的壳就是最好的自卫武器。众所周知，河蚌在遭受到外力干扰或进攻时，便把它的柔软的身体缩进壳里，它从不反击，直到外力消失之后，它认为安全了，才把自己的壳打开，享受美妙的海水。这样，不管是什么样的打击和压力，只要不超过河蚌壳的承受能力，它都可以完好无损。

面对怒气冲冲的上司，我们与其做一头狮子，不如把自己当作一只河蚌，缩起自己的不满和冲动，任凭指责和批评，直到上司的情绪得到缓和。这或许显得有点懦弱可笑，但是从摆正心态的角度来理解却是聪明和正确的。忍一时风平浪静，退一步海阔天空，如果上司对你的批评没有任何附加意义，只是一次简单的训斥，就把它当成一次暴风雨。你可以通过得当的处理，充分利用它，让它成为你走进上司视线，受其关注的一次契机。这样比一味争吵、发一通牢骚好得多。

工作中，老板发脾气是常有的事情，但你不能让自己的情绪受影响。老板的怒气很快就会消失，如果你和老板顶撞生气，闹得沸沸扬扬，除了影响自己的情绪甚至发展前途，可能就完全没有其他的好处了。所以，面对老板的指责和无端的生气，最好的办法就是理性地管理自己的情绪，不让它受到老板的影响，这样才能做一个理智而聪慧的人。

看清老板的"黑色情绪"

每个人都有情绪不好的时候。但是身在职场，如果不能体会到老板的情绪，就算不上一个好员工。有些情况下，如果老板的情绪非常不好，员工恐怕就成了老板发怒的对象了。这样撞枪口的事情，每个公司里都会不定期地上演。所以人在职场，最重要的就是能够察言观色，巧妙地应对老板的负面情绪。

老板是公司里最重要的人物之一。如果得罪了老板，你的工作就不会进展得太顺利。谁都不愿意被老板批评，所以，当碰到老板情绪很差时，能躲则躲，如果躲不过，要尽力地让老板的情绪在你这里变得好转。

赵鑫是一家投资公司的小职员。平时工作也很卖力，深受老板和同事的欣赏。这天，他特意很早地就到了公司，想尽快做出一份满意的报表给老板看。辛苦了一上午，终于做完了，他兴冲冲地来到老板的办公室。不巧，老板正在跟几个客户谈合同。于是，他就在外面等了一会儿。

半个小时后，老板从办公室出来了。赵鑫就迫不及待地给老板看自己的报表。谁知道，老板连看都没看，就说做得不合格，让他回去重做一份，情绪极其暴躁。赵鑫一时呆住了，不知道出了什么状况。

回到办公室后，才从同事的口中得知，老板今天谈的项目没有成功，正在气头上。赵鑫这才恍然大悟，看来是自己没找对时机，幸亏自己当时没有辩解，要不然，老板说不定就会拿自己当出气筒了。

莫名其妙地被老板训斥一通，心里必定不舒服。赵鑫还很聪明，在老板发怒的时候没有顶撞。如果当时赵鑫因自己的努力被忽视而跟老板顶撞，那么，后果不堪设想。所以，汇报工作也要看准老板的情绪才能进行。具体来看，主要有以下几个方法：

方法一，要能看清楚状况，要及时地捕捉老板脸上的阴晴圆缺。

掌握老板的情绪变化，知道他的心里现在在想什么，是每个员工需要具备的能力。不懂得注意老板情绪的员工，遇到个脾气温和的老板，或许只是批评你几句，要是遇到个脾气暴躁的老板，恐怕不但对你横眉冷对，还会让你直接递上辞呈。所以，身在职场，要学会察言观色，老板的脸色能准确地反映他现在的情绪。知道老板内心在想什么之后，就可以对症下药，投其所好，获得老板的认可和信任。如果你弄不懂老板的情绪，后果就会很严重。这也是很多员工埋头苦干却还是经常挨骂的原因。

方法二，一旦遇到老板情绪不好，一定不要当面顶撞。

如果你不幸碰到老板情绪非常差，那么，挨骂的你该做出什么反应呢？相信很多人会为莫名其妙地被领导骂而耿耿于怀。甚至有的人忍受不了委屈，当即就澄清自己的冤屈。这样做，是不明智的。的确，老板心情不好，骂人的时候肯定口不择言，说一些伤人的话。但是，作为一名员工，如果你当面顶撞老板，不仅是火上浇油，让老板的情绪更加恶劣，还让老板对你的能力产生怀疑。遇到老板情绪很糟糕时，你最应该做的就是忍耐。忍一时风平浪静，领导正在气头上，不妨站在他的位置上思考问题。人都有压力大的时候，你为老板着想，你就能成为老板信赖的人。等老板的气消了，一切也就恢复了原状。老板发怒时的情形也就没人会记在心上。

经常在老板身边的人，一定有一双锐利的眼睛，老板脸上的情绪都能够被他看在眼里，记在心上。做事情的时候，不但时刻注意自己的言辞，更是想办法化解老板的负面情绪。这样的员工才会得到老板的重用和赏识。所以，不仅不能跟老板顶撞，还要用巧妙的言辞让老板的脸色阴转晴。化解老板的怒气，让自己的工作顺利完成。

学会与老板"换位思考"

工作中我们需要学会与老板进行换位思考，通过换位思考，我们可以更好地了解到老板的立场和思路。老板的立场就是公司的立场，一个从公司的角度看问题的员工，会自觉调整自己的情绪，理解和支持自己的老板，时刻与老板站在同一条战线上。

英国有一句谚语叫作："要想知道别人的鞋子合不合脚，穿上别人的鞋子走一英里。"工作中，当我们与老板发生冲突的时候，不妨与老板换换位置，站在老板的角度上来看问题，或许你就会对公司，对工作，对老板有一个新的认识。

与老板进行换位思考，也就是要求员工站在老板的角度去思考一些问题，充分理解老板的苦衷。试想你是老板，你肯定也希望当自己不在的时候，公司的员工还能够一如既往地勤奋努力，踏实工作，各自做好分内之事，时刻注意维护公司的利益，这样你就可以一心一意处理好分内的事情。如果你是公司老板，当你派出你的员工到各地处理公司事务的时候，也希望他们个个都能够高质高效地完成任务，以保证公司的业务顺利开展，公司的业绩节节上升。

既然你希望你的员工这样去做，那么，当你回到自己的位置上的时候，你就应该想到，老板既然为我们提供了工作的岗位，为我们发工资和奖金，我们没有理由不把公司的事情做好。

与老板进行换位思考，我们要试着体谅老板的苦衷，只有这样，才能真正从老板的角度考虑问题。老板考虑的问题比一般员工更多，因为他处理的事情多，与他打交道的人多。员工和老板之间是什么关系？直观地，当然是雇佣关系，而实际上是共同为公司创造价值，共同分享经营成果的互惠共生关系。在现今的商业环境中，老板和公司员工之间需要建立一种互信的关系。当然并不是说要对那种长期拖欠工资的老板也一味地迁就，而是说当公司有困难的时候，只要老板能够和我们推心置腹地讲清楚，让我们有足够的思想准备，我们也应该体谅老板的艰辛和困难，并且主动地站在老板的角度，从公司的利益出发，为老板出谋划策。

现在，职场的压力越来越大，但是这不应该成为我们与老板对立的原因。学会换位思考，才能让我们在职场中走得平稳，而且还能获得晋升的机会。更为重要的是，通过这种方式，我们会理解老板的一些想法和做法，消除自己的敌对情绪，以更加积极健康的情绪面对工作，迎接挑战。

第十六章

掌控好同事给你带来的情绪

与同事交往要摆脱自卑

自卑情绪会影响你的职场人际关系，不利于工作的顺利开展。

自卑，往往是由于在与同事交往时内心不自信。总是拿别人的优点和自己的缺点相比较。现代职场，越来越需要团队的合作精神。自卑的人与同事合作的时候，往往会对他人给予的压力，难以承受，于是对自己说"我做不了"。

另外，有自卑情绪的人还特别关注自己的形象，如果同事赞美一句，就会变得开朗，心情也阳光起来，若是同事不关注自己或是批评自己，就马上产生不好的情绪，甚至成为心病。他们还害怕做错事情，当受到同事的指责时，情绪就忍不住爆发。所以，如果你恰好有这种自卑情绪，一定要有勇气克服它，活出属于自己的精彩。我们可以通过以下几个方法来达到目的：

首先，要正确地认识自己。

我们先在一张纸上，写出自己工作和人际交往上的优点和缺点，尽量做到客观公正。正确地评价自己，才能给自己足够的信心。有了信心，才能战胜自卑情绪。工作中就不会不敢直视同事的眼睛。正视别人，才会让他人发现你的真诚和热情，才能让你和同事之间的关系变得亲密。所以，要正确地认识自己，才能克服自卑情绪。

其次，主动与同事交流。

自卑的人，往往不敢在公司会议上说话。甚至在单独与同事交流的时候都很紧张。所以，不妨鼓励自己，主动与同事交谈。只要勇敢地迈出第一步，相信你将会收到意想不到的效果。你主动地与同事交流，就表明你的真诚，相信你的同事也会很乐意与你坦诚相待。等你从与他人交流中获得自信后，自卑的情绪就会稍稍减轻，然后你就可以尝试着在公众面前发言。只要你有才能，就一定会得到同事们的赞赏。可是如果你连交流的勇气都没有，你也就失去了与同事成为朋友的机会。

最后，给自己一些外表上的暗示。

我们都知道暗示对消除自卑情绪有帮助。研究证明，走路拖沓的人必定是行为懒散，没有自信的人。相反，昂首挺胸，步伐矫健的人，给人一种积极向上的好印象。在职场中更是如此，打扮一下自己，给同事们耳目一新的感觉；保持微笑，展现出自己积极向上的一面。对他人微笑，也对自己微笑，让同事对你充满好感，也让自己的正面情绪保持饱满。

有自卑情绪并不可怕，只要我们正确地对待、勇敢地克服，终究能露出自信的微笑。周围的压力、自身的缺陷都可以通过积极努力来克服，那时，你的事业也会越来越成功。相信你的同事看到你的进步，也会非常乐意与你交往。摆脱了自卑，在职场中会更加如鱼得水，你的生活也将更加丰富多彩。别自卑，相信自己很优秀。

降低对同事的要求

人与人之间的交往，有时候需要一定的独立空间，不能要求别人与自己有完全一致的兴趣爱好和观点看法，面对同事也是这样。工作中难免有小摩擦，因此产生诸如生气、郁闷等负面情绪。此时，如何处理与同事的关系就显得尤为重要，一方面，这关系到工作中我们是否开心；另一方面，这关系到工作是否能够顺利进行。现代职场非常看重团队精神，一个不能与同事合作的人，也将很难在工作上取得成就。一个人即使能力很高，也需要别人的合作和帮助。

人们希望自己所想或所做的事情达到成功的一种比值即所谓的期望值。在工作中，同事之间需要交流，如果共同合作一个项目，就需要每个参与人员的配合。当自己提前为同事设定他们做这件事的能力时，也就在心里设定了对他们的期望值。如果他们的成绩不令自己满意，可能就会认为他们没有能力与自己合作。

郑雅是刚毕业一年的大学生。仅仅一年的时间里，她就换了三份工作。每次都因为与同事不能很好地相处而自动辞职。不久之前，她刚找了一份工作，又因与同事的争执而产生了辞职的念头。正当那时，她碰到了一位让她受益一生的人。这个人正是公司的一位领导。领导当时恰好看到郑雅心里烦闷，就找她聊天。得知她与同事产生了些小摩擦，于是想辞职，领导便严厉地批评了她："每个人都有自己的缺点和长处，为什么要求别人都来符合自己的意思呢？难道自己做的就一定正确吗？"郑雅反思了一下自己的行为，确实有很多不对的地方，于是羞愧地低下了头。

在领导的帮助下，郑雅慢慢改掉了自己的缺点，与同事间的关系也变得融洽。现在，她终于明白，不但对同事，而且对待生活中的一切都应该持这样一种态度：不要期望太高，也就不会失望越大。

你是否有和郑雅相似的经历，或者也处于不能很好地与同事相处的境地呢？在工作中，我们之所以会失望甚至会绝望或许正是因为我们的期望太高。在与同事相处中，对他人的期望值不可太高，否则容易产生负面情绪和失望感。在生活中，人与人之间需要相互关心和帮助，但不能凡事都依靠别人，不能对他人抱有过高的期望。如果用一颗宽容的心来对待周围的同事，那么即使多大的矛盾也可以化解。要调整自己的期望值，可以遵循以下几点：

1. 多考虑坏的情况

当跟同事交往时，不妨先把事情的结果多往坏处想。这样，在实际操作的过程中，获得的效果可能会让自己心里稍微平衡一点。在事前充分估计不利因素，不要等到事后再后悔，徒增许多麻烦。在事前做好充分的准备，否则，到事后再来挽救可能已经来不及了。

人们之所以会产生后悔情绪，往往是因为过多地估计有利因素，而对不利因素估计不充分。人们往往过高地期望事情的成功，故而容易遮掩自己的视线，片面、主观、静止、感情冲动且缺乏冷静客观地分析问题，导致做出错误或不明智的选择。

2. 适时调整好期望值

对人对事不要太苛求。人的欲望容易使人产生情绪，欲望越强，情绪可能就越强烈。对他人的期望值太高，势必会在自己的欲望不能被满足的情况下产生不良情绪。常言道，"知足常乐"。做事情的时候，与同事之间交往，应该根据实际情况的不同而改变自己的心理预期，否则容易形成心理落差。时间一长，也就容易对对方产生厌倦心理。

3. 正确认识自己

充分认识自己，才能在与同事的交往中正确地对待他人。不能只关注自己的优点，故意隐瞒自己的错误，这样容易沾沾自喜，自以为是，自然难以有所进步。人无完人，看清自己的缺点，虚心接纳他人的意见和建议，宽容对待他人的错误。

4. 保持平常心

我们要以一颗平常心对待工作，做到"得之淡然，失之坦然"。不要因一件小事就怨天尤人，也不要因同事的一个小错误就横加指责、埋怨。错了或许可以重来，但是心伤了可能将无法挽回。

明确的目标和心理预期是不断进步的动力。但是，在与同事相处时，要调整好自己的期望值。期望值不可过高，以免伤害同事间的情谊；期望值也不要太低，以致失去对他人的信任。合理客观地评价对方，才能够在合作中做到知己知彼，使工作顺利圆满地完成。

清除"心理污染"，办公室也阳光

今天，人们面临的压力越来越大，在办公室工作的人的心理卫生也成了一个不可忽视的问题，而且日趋严重。当你每天走进办公室时，不知你是否发现有很多因素在影响着每个人的情绪，进而影响到工作的质量。我们将影响一个人情绪的诸多因素称为"心理污染"。在办公室有不少的心理污染，诸如：

（1）如果人们走进办公区时的情绪是积极的、稳定的，就会很快进入工作角色，不仅工作效率高，而且质量好；反之，情绪低落，则工作效率低，质量差。如果在办公区内，工作人员善于调节与控制自己的情绪，就会生机盎然，充满活力，工作卓有成效。

（2）在日常工作中，人际关系融洽非常重要。互相之间以微笑的表情与同事交谈，以健康的思维方式考虑问题，就会和谐相处。工作人员在言谈举止、衣着打扮、表情动作中，均可体现出健康的心理素质。

（3）在办公室里接听电话，也能表现出工作人员的心理素质与水平。微笑着平心静气地接打电话，会令对方感到温暖亲切，尤其是使用敬语、谦语收到的效果往往是意想不到的。不要认为对方看不到自己的表情，其实，从打电话的语调中已经传递出你是否友好、礼貌、尊重他人等信息了。

（4）办公室里是否干净整洁，物品是否井井有条也会直接影响到员工的情绪。

总之，办公室内如果存在"心理污染"，从某种意义上讲比大气、水质、噪声等污染更为严重，它会打击人们工作的积极性，乃至影响工作效率、工作质量。

病毒的传染有药可治，并不可怕。但是，情绪的传染，打击的则不仅是躯体，还有精神。它会使人丧失自信，失去前进的动力。在生活中，人们经常会遇到令人烦恼、悲伤甚至愤恨的事情，并由此产生不良情绪。此时应该学会控制和调节自己的情绪，保持身心健康。下面的方法不妨一试。

1. 意识调节

人的意识能够控制情绪的发生和强度。一般来说，思想修养水平较高的人，能更有效地调节自己的情绪，因为他们在遇到问题时，能够做到明理和宽容。

2. 语言调节

语言是影响人情绪体验与表现的强有力工具，通过语言可以引起或抑制情绪反应。如林则徐在墙上挂着写有"制怒"二字的条幅，就是用语言来控制和调节情绪的例证。

3. 注意力转移

把注意力从自己的消极情绪转移到其他方面。俄国文豪屠格涅夫劝告那些刚愎自用、喜欢争吵的人：在发言之前，应把舌头在嘴里转十个圈。这些劝导，对于缓和情绪非常有益。

4. 行动转移

这种方法是把愤怒的情绪转化为行动的力量，以从事科学、文化、体育等工作缓解不良情绪的影响。

5. 释放法

让愤怒者把有意见的、不公平的、义愤的事情坦率地说出来，或者对着沙包、橡皮人猛击几拳，可以达到松弛神经的目的。

6. 自我控制

即按照一套特定的程序，以机体的一些随意反应来改善机体的另一些非随意反应，用心理过程来影响心理过程，从而达到松弛入静的效果，以解除紧张和焦虑等不良情绪。

通过以上方法，清除自己的"心理污染"，不仅会改善自己的办公心情，提高自己的工作效率，而且还会为他人创造一个和谐的办公环境，让办公室变得"阳光"起来。

学会与不同类型的人相处

一个公司就是一个社会的缩影，每个人因各自性格不同，而有不同的情绪表达方式，而在同一个公司里各种性格的人都有可能遇上，有时工作当中还会无可避免地遇到一些不容易相处的同事，例如脾气暴躁、生性多疑的人等等。面对不同性格类型的人，如何能在良好相处的基础上保持自己的健康情绪，是一个大学问。下面就主要介绍几种我们常见类型的同事：

1. 推卸责任的人

对那些习惯推卸责任的同事，在请他们协助工作时，目标必须明确，时间、内容等要求要讲清楚，甚至用白纸黑字写下来，以此为证据。不为他们所提出的借口动摇，同时，还要给予他们在一定范围内完成的期望。

2. 过于敏感的人

一些同事生性敏感，应尽量避免在其他人面前对他们说出可能冒犯的评语，要批评请私底下讲。即使像"有点""可能""不太"这类有所保留的语气，也会让他们心乱如麻，因此在批评时尽量客观公正，慎选你的用词，指出事实就好。尤其要让他们了解你只是针对事情本身提出意见，而不是在对他们本人进行人身攻击。

3. 喜欢抱怨的人

他们之所以抱怨，是因为他们在意事情的发展。如果抱怨的内容跟你负责的业务有关，最好能立即做出反应或改善；如果他们抱怨的是无关紧要的琐事，听听就算了，也不需要动气反驳。遇到问题时，征求他们的意见，将他们的怨气引导到解决问题上。

4. 悲观的人

脸上总带有悲观情绪的同事害怕失败，不愿意冒险，所以会以负面的意见阻止工作、环境上的改变。你不妨问问他们认为改变后最坏的结果是什么，事先准备好应对的办法。

千万不要因为他们的负面意见而感到沮丧，更不能被他们的悲观情绪所感染，你可以把他们的看法当作是预防犯错的一种机制。

5. 喜怒无常的人

有些同事属于黏质型，喜怒无常。当他们表现出喜怒无常的行为时，不要回应他们，找个借口，如倒杯水、拿东西等离开现场，等他们冷静以后再回来。面对他们的情绪失控，应以冷静、客观的态度响应，陈述事实即可，无须辩解。一旦他们恢复理智，要乐于倾听他们的谈话。万一他们中途又开始"抓狂"，就立即停止对话。

如果他们这种行为表现过度，且是经常性的，并影响到工作，与他们理性沟通时，应告诉他们在办公场所是不能随心所欲的，让他们知道"会哭的孩子不一定有糖吃"。

6. 特立独行的人

对那些喜欢特立独行的同事，要让他们保有隐私，不强迫他们参与需要跟很多人接触的聚会或活动。要承认他们也有很多优点，例如有能力独立完成工作、能仔细处理细节问题等，当需要他们帮助时可请他们帮忙。

7. 沉默的人

办公室里总有一些不善说话，默默工作的同事。在与他们说话时不能语带威胁，要不带情绪，并放低姿态。

8. 固执的人

对待这样的同事，是不容易说服他的，你不妨单刀直入，把他工作和生活中某些错误的做法——列举出来，再结合眼下需要解决的问题提醒他将会产生怎样的严重后果。因此，他即使有抗拒你的情绪表现，内心也开始动摇，怀疑自己决定的正确性。这时，你趁机摆出自己的观点，动之以情，晓之以理，那么，他接受的可能性就大多了。

9. 性格古怪的人

与性格古怪的同事相处，你可能会莫名其妙地与他们"遭遇"冲突，但不要记恨他们。他们一般会在事情过去之后仍然会像从前一样对你，所以，你不要企图去改变这种人的情绪，双方维持在一种平和的交往关系就好，不需要太深入，你也不需过多地表露自我情绪。

10. 清狂高傲的人

对清狂高傲的同事，你不要过多地与他计较，任由他去吹嘘自己吧。就是他贬低了你，你也不要与他计较，你只需长话短说，把需要交代的事情简明交代完即可。

所以，在公司里，面对不同类型的同事，要把握他们各自的性格特点，积极调动他们的情绪，营造一个和谐融洽的工作氛围。

第十七章
掌控好客户给你带来的情绪

面对客户，调控好自我情绪

面对客户，我们不能每时每刻都把自己的情绪表露出来，尤其是在与客户交谈时，正是客户通过情绪观察你本人的最好机会，所以自己一定要处理好情绪的掌控问题。你的情绪只属于自己，而客户的情绪才是你需要关注的对象。可是，如果正好你有负面情绪，而又不得不面对客户，那么你就要努力克制这种情绪，否则，你的能力就不算成熟。最好的情况是：在客户面前，自己的喜怒哀乐，都要先放一边。这样才会全身心地与客户沟通，了解客户的需要，使交易顺利进行。

赵倩是一家美容机构的美容师。从业以来，她一直努力工作，得到了同事和老板的认可。她是个独生女，平时省吃俭用，也非常孝顺父母。

一天早晨，她刚要出门上班，就碰到了一件尴尬的事情。一个客户急匆匆打电话给她，责问她是不是向自己推荐了价格贵的商品。赵倩被这突如其来的质问弄得摸不着头脑，仔细回忆，并没有觉得自己做过这一类的事情。这时，客户阴阳怪气地抛出一句话："即使要挣钱，也不要欺骗他人，有没有羞耻心啊！"说罢就挂了电话。憋了一肚子气的赵倩哭着去上班。

由于心里委屈，同事跟她打招呼她也不理。但她还是得擦干眼泪投入到工作中去。上班期间来了一位客户，赵倩勉强打起精神开始给她做脸部按摩。突然，她不小心把化妆水滴到了客户的眼睛里，尽管她频频道歉，客户仍然对她不依不饶。本来心里就委屈的赵倩，这时候怒不可遏，与客户争吵起来。幸好经理闻讯及时赶来，才平息了这场风波。但赵倩却因服务态度不好而被开除。

赵倩因负面情绪在客户面前失去理智，得罪了客户，自己也被开除。这是非常不理智的表现。不管自己的心情如何，到了工作岗位上，自己的情绪就需要及时收起来。用微笑面对每位客户，才是一个优秀职场人士应该具备的良好素质。

工作中，也经常会碰到客户故意刁难的情况。比如，用质量有问题的借口来逼迫你降低售价；总是挑剔，不肯跟你签约。遇到这类情况，一个没有耐心的人肯定会心中充满怒气，或者表现不耐烦，最终导致合作失败。

谁都不愿意被他人批评甚至羞辱，但如果与客户发生争执，不管谁对谁错，都不应该大发雷霆，与客户吵闹。否则，即使自己是对的，也会被冠上"服务态度极差"的罪名。在与客户的交流中，要控制好自己的情绪。那么，如何才能在客户面前控制好自己的情绪呢？

首先，要始终微笑服务。

微笑是一个公司的招牌。如果每个员工都板着脸对待客户，那么，公司不久就将面临关门大吉的风险。即使遇到不容易对付的客户，非要在鸡蛋里面挑骨头，你也要始终保持微笑，耐心真诚地为他们解答问题。遭到客户拒绝的情况下，也应该微笑着为下一次合作打基础。

其次，要不气馁，不骄躁。

工作中，难免会出现与客户无法达成共识的情况。这个时候，不要因失望而对客户产生冷漠的情绪。要认清即使这次无法进行合作，并不代表以后也没有合作的机会。不要因自己的情绪问题与客户断绝关系，那么，即使以后再有合作机会，对方也会因你态度转变而对你失去信心。同时，一次成功并不代表永远都会成功。谈成一笔合作项目后也别忘乎所以，表现出对客户的极度不尊重。

或许客户始终都在用挑剔的眼光看着你，而你的表现直接代表公司的形象。不能控制自己的情绪，即使公司的条件再好，也不会有客户希望与你合作。用一颗真诚的心，设身处地地为客户着想。发生任何事情，首先要以客户的利益为出发点，克制好自身的情绪。别因自己的情绪影响到客户对自己业务能力的判断，也别让客户看到自己是一个不能控制自己情绪的人。失去客户的信任，工作可能就难以顺利进行。

用倾听排除客户怒气

如果你是一名职场达人，就能面对客户的抱怨情绪，依然不改变自己的情绪状态。但是，现在很多人却做不到这一点。这往往是由于我们不会倾听，有的人甚至当客户抱怨产品质量时，拒绝去倾听。作为一名员工，每天都要面对客户，如何更好地与客户沟通就成为每个员工都应该思考的问题。尤其是服务业，每天面对面地与客户交流，如果不能学会聆听，造成客户对本公司的印象大打折扣，不仅可能受到公司领导的批评，还会对公司的业绩产生一定影响。一个优秀的员工，要懂得讨客户开心，要擅长与客户沟通。许多人往往是在与客户交朋友之余，顺利推广出本公司的产品的。但是，有时也会碰到一些故意刁难的客户，即使陪更多的笑脸也不能使他们感动。这就需要具备过硬的业务素质和沟通技巧，做一个善于聆听客户怨气的人。

工作中，要想让客户接受你，就要善于聆听。有时候不断鼓励客户开口，这种略带暗示性的赞美能化解客户心中的怨气。这就是有技巧的聆听。聆听不仅能够让客户感受到你对他的尊重，化解他心中的不满，还能够通过交流，知道他需要什么。当了解了客户的真正需求，便可投其所好，在满足顾客的同时，自己也可从中获益。倾听他人的话语也是一门艺术，真正懂得倾听的人，不仅能够让客户心甘情愿地诉说自己的心里话，同时也能让客户接受他的建议，促进合作的进行。

聆听能力并不是一两天就可以练成的。需要从内心确立倾听的准则，更需要具备相应的技巧。

首先，做到礼貌、认真，不随意打断客户的话。

随意打断别人的话极为不礼貌。倾听是沟通的第一步，不轻易打断别人的话是倾听的基本法则。唯有懂得安静地倾听才能提高交际魅力，做一个好的倾听者也是对别人的一种尊重。如果擅自打断客户的话，会让他们觉得你对他们很不耐烦，可能因此增加他们心中的不满和怨气，从而产生激烈的矛盾。顾客挑剔产品，很可能是因为他对产品感兴趣。若与之争辩，就如同指责顾客没有眼光。顾客受此侮辱，很可能就另顾他家。

其次，专心致志，不能左顾右盼。

眼神最好留在客户身上，左顾右盼会让他们认为对方对自己非常不感兴趣，或是不愿意听自己说话，从而使他们的自尊心受到伤害，很可能导致双方交谈中断。要面向说话者，同对方保持目光的亲密接触，同时配合标准的姿势和手势。无论是坐着还是站着，要与对方保持在双方都最适宜的距离上。

再次，从客户的角度来思考问题。

如果客户对自己的产品或服务不满意，那么自然有他的理由。要找准客户对当前合作不感兴趣或对服务感到不满意的原因。这时，就要从对方的角度来思考问题。认清客户不满意的源头，才更有可能找到解决的方法。

把客户当朋友一样去交往，倾听客户的言语，了解对方的想法，但是我们的情绪不能因此受到影响。如客户有问题，可以帮他们找出问题的症结所在，在沟通中达到合作的目的。倾听是一门艺术，善于倾听的人，将拥有更高的智慧。

同客户建立长久诚信的关系

"诚信"二字始终是交易成功具备的最重要的品质。面对客户，如果为了得到一己私利而百般哄骗他们跟自己合作，那么，等他们醒悟过来后，很可能会对自己失望透顶，以后可能不会再跟你合作。希望客户与自己合作，要先满足客户的需求。当客户觉得自己值得信任的时候，生意也就做成了。人与人之间，并不总是相互利用的关系。只要多一些温情，多一些包容，与客户之间的关系就会变得融洽，合作也就可以顺利进行。

有的人喜欢把客户当成自己的对手，千方百计想要从客户身上榨取利润。殊不知，谁都不会轻易地被欺骗。当你把客户当成自己的目标去攻击时，客户也就把你看作"危险人物"。一旦双方的谈判出现漏洞，哪怕是极小的漏洞，交易将无法进行，最后导致两败俱伤。

有两个人，同时应聘一家电器公司的销售员。一个叫王鹏，毕业于名牌大学财经专业。一个叫张磊，毕业于一个普通大学的管理专业。一天，老板把他俩找来，交代一项任务：向别墅区住户推销电灯。谁推销得多，谁就可以留在公司，转为正式员工。王鹏凭着自己的专业技能，第一天就卖出了价值一万多元的电器，而张磊却一筹莫展。眼看距离期限越来越近，张磊每天在别墅区转悠，急得满头大汗。

一天，张磊敲响了一家住户的门。开门的是一位老太太。张磊先自我介绍。老太太觉得他是来推销的，就特别反感，想要关门。张磊见势立马解释："我不是来跟你推销的。看你们家凉亭设计得非常特别，我想求得您的允许，在这里歇一歇脚。"于是，老太太欣然同意。张磊开始请教这位老太太，凉亭的设计心得。老太太自豪地说："我学过园林设计。这个凉亭是我历经半年才设计出来的作品。"二人聊得很投机，一个下午很快就过去了。老太太留张磊吃晚饭，顺便介绍自己的儿子与他认识。老太太的儿子是一家房地产开发公司的采购经理。于是，张磊获得了上百万的订单。

没过几天，王鹏的退单数量却一再增加。原来，当初他向客户极力吹嘘了自己的产品。最终，王鹏没有通过公司的考核。

张磊在推销的过程中与客户交朋友，这不失为一种绝好的策略。确实，要想让客户接受你，达到销售的目的，就必须使对方尽快成为你的朋友。要想成为客户的朋友，就必须真诚地对待他们，让他们信任自己。正是因为王鹏没有真诚地对待客户，极力吹嘘自己的产品，言过其实才会失去信任。大师程颐曾经说过："古者，自天子达于庶人，必须师友以成其德业。"不论天子还是平民，都必须有朋友才能成就自己的事业。与客户之间，并不是赤裸裸的金钱交易。当你把客户当成朋友，可能容易消除交易双方的心理障碍。充满温情的合作就会在友好的条件下进行。张磊虽然没有太多的销售技巧，但是他能够与客户交朋友，让客户体会到他的关爱。找到客户的兴趣点，取得客户的信任，才能与客户顺利地达成交易。

然而，通常情况下，不可能总会遇到温和善良的客户。有时还会碰到刁难人的客户，他们可能会因你只是个业务员而不愿意理你，尤其是一些大公司的老板，以他们的经历和学识，可能在短时间内不能接受和你做朋友。这时候，也不能一味地讨好客户。如果是对双方互利的事情，没必要卑躬屈膝，要相信自己。于丹曾经说过，最恰当的距离是互不伤害，又能保持温暖。既要与客户做朋友，又要保持一定的距离。否则，只能两败俱伤。

与客户做朋友，一定要有热情。用热情去感染对方，把自己对产品的信任在无形中传达给客户。热情，不是一味地溜须拍马，而是真诚地交流情感。可以送上一个大大的拥抱，或者经常聊聊天。让客户感受到自己的关心和对生命的热爱，这样积极向上的姿态肯定会深受客户的喜爱。

与客户交朋友，要细水长流，不能急功近利。成为客户的朋友，就能够取得他们的信任。投之以桃，报之以李。与客户交朋友，实现双赢才是最重要的。

以热情感染你的客户

客户永远是你最重要的资本。在现代企业中，抓住客户的情绪走向，才有可能满足客户的需求，从而达成合作。如果客户对你流露出不满的情绪，即使产品再优秀，也不可能得到客户的青睐。因此，不要漠视你的客户。拥有客户的支持才能打开销售局面，建立起牢固的客户网络。拥有的客户资源越多，能够获得的利润就越大。作为一名员工，只有与客户处理好关系，客户才会为你带来业绩。

张建是一家汽车零部件销售公司的业务员。从业三年来，一直秉承着为客户服务的宗旨，耐心细致地开展市场调查，把握客户的需求，为客户提供优质的服务，深受客户的喜爱。公司为表彰他的光辉业绩，特别提拔他为销售总监。张建成功的秘诀就是重视客户的需求。

在一次产品展销会上，张建所在公司的展台上来了一位南方客商。此人姓黄。看了他们的产品后，连连称赞。当张建问他是否有意向合作时，黄先生犯了难。经过一番交谈后，他说出了自己的顾虑。这些零部件虽然做工精良，质优价廉，但是，如果要应用到自己公司的汽车上，需要对自己公司生产汽车的生产流水线进行调整。这样就需要大量的资金做支持。可是，凭借黄先生自己公司的规模，尚且不能够承担这样大的结构调整。

张建听后，立即派人了解改装生产线的流程和造价。黄先生的公司代表了一部分小企业，如果能够帮助他们低成本地改造生产线，那么张建公司生产的零件就可以适用于他们公司的汽车。因此，张建公司等于又发现了新的客户群。在充分了解了生产线改造的流程后，张建果然找到了一个小技巧，黄先生的生产线只需要换一个零件，就可以使用张建公司的产品。听到这个好消息，黄先生被张建的真诚打动，一次性与他签下三年的供货合同。

张建能够急客户之所急，想客户之所想，真正从客户的角度出发，为客户赢得利益。这样的员工才能真正为了企业的发展做出巨大的贡献。处理好与客户之间的关系，对提升公司业绩有很大的帮助。在与客户交往时，要注意以下几点：

首先，要讲诚信。

"君子一言，驷马难追"。一个人要为自己说出的话负责，如果做不到，就不要轻易答应别人。否则，客户会因为你的出尔反尔而对你失去信任，以后也难再次合作的机会。人品重于商品。在销售过程中，你既是在销售产品，也是在推销自己。让客户信任你，才会信任你所推销的产品。客户需要真诚相待。如果把他看成是纯粹的利益对象，不择手段地获取利益，总有一天他们会离你而去，到时，即便是再好的产品，可能也不会有人过问。弄虚作假终会被客户看穿，最终不仅影响业绩，也会让客户对你的人品产生怀疑。

其次，要与客户保持联系。

假如工作很忙，没办法经常与客户一起吃饭，那么，可以通过网络或者短信的方式，随时与客户保持联系。竞争激烈的今天，如果不去找客源，你的客户就很容易被挖走。要注意与客户之间的礼貌，比如，起身让座，倒水沏茶之类的小礼仪，体现对客户的尊重，而不是傲慢无礼，不用正眼看客户。你的热情和礼貌随时都可以感染客户，要让客户感受到自己的关心，这样，他们才会愿意与你合作。不妨在客户生日的时候送去一份小礼物，或者外出到达客户所在地时，顺便拜访一下。这都有助于你与客户之间的沟通。只要用心，就能赢得客户的信任。

再次，遇到问题，主动承担责任。

在与客户的长期交往中，难免会有些不尽如人意的地方。出现分歧，出现失误在所难免。但遇到这类问题时，就要有正确的心态：客户永远是正确的。敢于面对失误，主动承担责任，客户也会对自己尊重有加，双方的关系可能就会得到改善，也容易建立长久的友谊。有些人面对客户的投诉，只是一味地想方设法推卸责任。这样可能容易引起客户的愤怒，导致合作中断。

以饱满的热情来对待你的每位客户，会帮你迎来一个事业的高峰，同时，即使客户有恶劣的情绪，你的热情也会感染他们，使合作顺利进行下去。

第十八章

社交中如何掌控自己的情绪

打开心窗，战胜社交焦虑症

患有社交焦虑症的人，对任何社交或公开场合都会感到恐惧或忧虑。害怕自己的行为或紧张的表现会引起羞辱或难堪。

欧阳小姐上学时性格比较内向，与人交往时总是小心翼翼的。因为晕车，每次坐车前都特别紧张，害怕自己会出现干呕的症状，但坐进去了就很少会有这个感觉。某天要去一个老师家补习，刚坐完车，她突然想到万一在老师家忍不住吐怎么办？那时越想越感觉不舒服，最后果然吐了，老师家也没去成。后来又联想到去学校如果也发生这样的事怎么办？结果在路上也出现了干呕的症状。这样持续一段时间后，她害怕出现在公共场合，很多集体活动也不参加了。

我们大多数人在见到陌生人的时候多少会觉得紧张，这本是正常的反应，它可以提高我们的警惕性，有助于我们更快更好地了解对方。这种正常的紧张往往是短暂的，随着交往的加深，大多数人会逐渐放松，继而享受交往带来的乐趣。

　　然而对于社交焦虑症患者来说，这种紧张不安和恐惧是一直存在的，而且不能通过任何方式得到缓解。在每个社交场合、每次与人交往时，这种紧张状态都会出现。紧张、恐惧远远超过了正常的程度，并表现为生理上的不适：干呕甚至呕吐。类似欧阳小姐这样的人，在日常生活中有很多。

　　一个不容忽视的方面是社交焦虑症的恶性循环。你可能会说："既然知道患有社交焦虑症，避免参加社交活动不就行了？"

　　其实，你心里清楚没那么简单。我们可以给你图解一下你的恶性循环：害怕被人评价——缺乏社交技能——缺少社交强化、缺少社交经历——回避特定的场合——害怕被人评价。

　　由此可见，单纯回避可导致一系列的问题，如害怕被人评价，社交技能缺乏，而这种缺乏会导致回避行为的增加，进一步加重了社交焦虑症的症状。所以，单纯通过回避减轻病情无异于"饮鸩止渴"，只会导致病情越来越恶化。

　　对于社交焦虑症患者来说，只有积极地进行治疗才是对付社交焦虑症的最佳办法。一方面加强社交技能的学习和强化，另一方面可通过适当的药物治疗来帮助克服社交时由紧张、恐惧引起的身体不适，逐渐形成良性循环。对治疗既不要急于求成，也不能自暴自弃。

　　有个患有社交焦虑症的青年，医生用妙法帮他摆脱了困扰。

这个青年十分害怕去人多的地方，于是医生给他做了硬性安排，让他每天卖 100 份当天的报纸，开始他不敢在街上抬头叫喊，就写了一张大字报"谁买报纸，5 角一份"，结果第一天仅卖了 10 份，第二天有所好转，第五天就全部卖光，第十天他竟一晚上走街串巷地卖了 200 份报纸，他感到特别兴奋。

当然，这种方法并不是对每个人都适用，因为许多人从开始就无法面对这种方法，多数人会半途而废，不久又习惯地进入恐惧之中，最后还是回避。

另外，需要强调的是：由于社交焦虑症的发病年龄较低，我们认为预防社交焦虑症应从娃娃抓起。据有关报道，社交焦虑症与遗传及父母的行为方式有关。所以，为人父母的应引起注意。（习惯性焦虑、遗传因素、父母的过度保护→儿时缺乏适应能力的锻炼）+（父母的排斥或批评、令人难堪或耻辱的特殊经历→预期性的焦虑）=回避。由此可见，父母在教养孩子的过程中易犯的错误，可能增加孩子长大以后患社交焦虑症的可能性。特别是我国传统的教养方式，或者无原则地溺爱孩子，或者无来由地任意打骂孩子（中国自古就有"不打不成才""子不教，父之过"的古训）。作为家长，培养孩子们从小树立自信，战胜恐惧情绪是很有必要的。一个被恐惧情绪控制的人是无法成功的，因为他拒绝一切新鲜事物，不让它们走进自己的生活。即使有那么一点渴望，也立刻被压制下来，不敢争取自己渴望的东西。

跳出"小我"的世界

有时候，限制我们走向成功的，不是别人拴在我们身上的锁链，而是我们自己设置的牢笼；高度并非无法打破，只是我们无法超越自己思想的限制；没有人束缚我们，只是我们自己束缚了自己。跳出自我的小世界，我们会发现，世界如此之大。

那么，怎样才能做到跳出自我的小世界，以正面的情绪引导正确的行为呢？以下提供几种自我调适的方法。

1. 自我调整

美国经营心理学家欧廉·尤里斯教授提出了能使人平心静气的三项法则："首先降低声音，继而放慢语速，最后胸部挺直。"

2. 闭口倾听

英国闻名的政治家、历史学家帕金森和英国知名的治理学家拉斯托姆吉，在合著的一书中谈道："假如发生了争吵，切记免开尊口。先听听别人的，让别人把话说完，要尽量做到虚心诚恳，通情达理。靠争吵绝对难以赢得人心，立竿见影的办法是彼此交心。"愤怒情绪发生的特点在于短暂，"气头"过后，矛盾就较易解决。

3. 理性升华

当冲突发生时，在内心估计一个后果，想一想自己的责任，将自己升华，使自己成为一个有理智、豁达大度的人，这样就一定能控制住自己的情绪，缓解紧张的气氛。

4. 找朋友倾诉

当意识到自己情绪不好的时候，可以找自己最好的朋友或者最交心的同事，向他们诉说，因为他们往往能从客观的角度来看待问题，弄清楚问题的症结所在，找出解决的方法。

5. 转移视线

在情绪不好的时候，可以看书，或者参加一些体育运动来转移注意力，也可以做有氧运动。

学会调适情绪是帮助自己更好地走出内心小世界的方法。开拓成功的人际网络，从树立自我形象开始，你必须让自己充满自信、活力，使人乐于和你亲近。不论你多么有才华、有能力，没有他人的协助，也是不可能取得很大成就的。懂得调控自己的情绪，进而更好地开拓、协调自己的人际关系网络，才能开创美好的前途。

不要急于证明自己

证明自己，并不是一朝一夕的事情，你不会根据一个人一时的表现而给他下定义，同样别人也不会因为你一时的表现来评价你。在长久的相处中，你和周围的人会相互了解，这样在慢慢地理解的过程中，每个人都有足够多的时间和机会来证明自己。在现实生活中，有些人会常常急于证明自己，往往适得其反。

意大利一家精神病院因运送病人的司机玩忽职守误收了三名正常人。那三个人被关在精神病院里28天，其中两个人差点变成真正的精神病人。美国《探路者》杂志记者格雷·贝克特意为此事前往意大利，对那三位被关押者进行了一次专访。

要想从精神病院里走出来的唯一方法就是证明自己不是精神病人，

他们三个是怎样做到的呢？据格雷贝克的报道，刚到那个精神病院的时候，他们很崩溃，没想到这种事情会发生在自己身上。他们中的两个人用尽了各种方法来向医务人员证明自己不是疯子，他们展示正常人的思维，他们向医生说明自己的出身、工作、家庭。但是，他们说得越多，医务人员越发坚定地认为他们就是疯子，就这样，两个人在恐怖中马上就崩溃了。

而第三个人不同，他没做无谓的尝试，他没积极努力地证明自己，而是像平常一样生活，该吃饭时吃饭，该睡觉时就睡觉，该看书读报时就看书读报，医生让怎么做，他就听话地去做，当医务人员为他刮脸时，他还微笑着向他们致以谢意，医生因此确定他的精神病有所好转了。

就在第 28 天的时候，医生确定他的精神病好了，可以出院，而其他两个原本正常的人却快要成为精神病人了。第三个人出院后，就马上报了警，向警察说明三个人的遭遇，于是警察深入调查，才把另外两个同伴解救了出来。

格雷贝克在评论里发表这样的感慨：一个正常人想证明自己的正常，是非常困难的。也许只有不试图去证明的人，才称得上是一个正常人。

其实，事情就这么简单，最好的方法竟是不去证明。故事中其他两个人太急于证明，殊不知，有些事情越想证明越证明不了什么。而高情商的人知道什么时候应该沉默，什么时候应该爆发。

在生活中，那些通过各种途径想证明自己才华横溢、十分出色的人，还有那些用各种手段去证明自己富有、非凡的人，都极有可能被世人当作不折不扣的疯子，可那些低调的人往往才是高情商、真正富有智慧的人。

生活中有很多的不安都是由于想证明自己而产生的。但证明自己真的有那么重要吗？证明了自己就真的能赢得别人的认同吗？这是值得我们好好思考一番的。

另外，在证明自己的过程中，我们会展现自己的个性，但如果一个人锋芒太盛，难免灼伤他人。当你为了急于证明自己而将所有的目光和风头都抢尽了，却将挫败和压力留给别人，那么别人在与你对比之下，很可能觉得不自在，反而疏远了你。

急于想证明自己的人，往往都有一种急于求成的心态，这是低情商的表现，他们不知道一个道理："心急吃不了热豆腐。"

农夫在地里种下了两粒种子，很快它们变成了两棵同样大小的树苗。第一棵树一开始就决心长成一棵参天大树，所以它拼命地从地下吸收养料，储备起来，滋润每一根树枝，思考着怎样向上生长，完善自身，因为它相信，只有自己有充足的营养，以后果实才会非常丰硕，但也正因为这个原因，在最初的几年，它并没有结果实，这让农夫很恼火。

相反，另一棵树也拼命地从地下汲取养料，打算早点开花结果，这样才能证明自己比另外一棵树强，它做到了这一点。这使农夫很欣赏它，并经常浇灌它。

时光飞转，那棵久不开花的大树由于身强体壮，养分充足，终于结出了又大又甜的果实。而那棵过早开花的树，却由于在还未成熟时，便承担起了开花结果的任务，所以结出的果实苦涩难吃，并不讨人喜欢，并且渐渐地枯萎了。

急于求成与表现自己的动机虽是好的，但容易因急躁的情绪状态看不清很多事情，也就忽略了事物发展的客观规律，导致最后失败。

当然，如果你确实有真才实学，又有很大的抱负和理想，不甘于停留在一般和平庸的阶层，那么，你可以放开手脚大干一场证明自己的价值，但你不能只以自己的情绪为转移，同时也要考虑到他人的情绪，不要把自己当作唯一的主角，不然可能会做出对自己有利却伤害他人的事情来。

适当地保留自己的秘密

在人际交往中，许多人常常把自己的秘密毫无保留地袒露出来。有时如果没把自己的心事完完全全地告诉问及的人，心中就会有不安的情绪，认为自己没有以诚待人，感到对不起他人；认为别人对自己很好或很重要，不把自己的秘密告诉他是错的。但是，这样我们就很容易被人抓住把柄，从而让别人影响我们的情绪。

在生活中，坦诚是交际中的美好品格之一。人与人之间需要交流，需要友情，谁都不愿与一个从不袒露自己的内心世界、对任何问题都不明确表态的高深莫测的人交往。然而，对于坦诚我们应有一个正确的理解。所谓坦诚并不意味着别人要把内心世界的一切都暴露给你，也不意味着你要把内心世界的一切都暴露给别人。每个人都有秘密，这是正常的，也是必要的。

一次约翰把自己的重大秘密告诉了乔治，同时再三叮嘱："这件事只告诉你一个人，千万别对别人说。"然而一转脸，乔治便把约翰的秘密添枝加叶地告诉了别人，让约翰在众人面前很难堪。

这种背信弃义有时出于恶意，有时却是无意的。这与个人的品质修养有关。有的人透明度太高，这种人不但不能为别人保守秘密，就连自己的秘密也保守不住；有的人泄漏别人的秘密，不是为了伤害别人，而是为了抬高自己，"咱们单位的事，没有我不知道的"，"我要是想知道某件事，我就一定能了解出来"这种人常这样炫耀自己，他们认为，知道别人的秘密越多，自己的身价就越高；有的人用泄漏别人秘密的方法伤害别人、娱乐自己，甚至把掌握的秘密当作要挟别人的把柄，当作自己晋升的阶梯，这种人在现实中很常见，对这种人最应该提高警惕。

由此可见，像约翰那样让他人为自己保守秘密，远比只让自己保守自己的秘密难得多。因此，不到万不得已的时候，不要让他人分享自己的秘密，要学会自己的秘密自己保守。

当然，过于封闭自己也于自己的身心不利。有时我们需要找人倾吐衷肠。这种倾吐，有时是为了企求帮助，请对方出主意；有时则只是能向人打开心扉就十分满足了，渴望找人诉说心事，但问题在于你应该找准可以信赖的倾吐对象。人们倾吐的目的是驱除孤独，如果向不该倾吐的人倾吐了心事，其结果会适得其反，你会因为遭到自己信赖的人的嘲弄和背叛而感到更加孤独。所以，在生活中你有必要找到关键时刻能替自己分担忧愁和苦恼的挚友，以免在需要找人倾诉时无处倾诉。

对于自己的某种想法、某件事情，当你认为有必要保密时，你该怎样做呢？有两点：一是要耐得住孤独，不向他人吐露；二是当他人察觉问及时，能够婉言谢绝。

婉言谢绝别人对自己秘密的探问确是一门交际艺术。对于关系不甚密切的人，谢绝不会让你陷入难堪的情绪状态。然而对于自己的老同事、老同学、老朋友，谢绝时就难以开口了。不过，无论关系是否密切，你在谢绝时最好不用"无可奉告""暂时保密"这类过于直白的言辞，而是应该把话说得柔和些。例如甲想了解乙的择偶标准，就问乙："想找个什么样的?"乙想对甲保密，就可以这样说："这个问题我还没考虑好。"这样，虽然你没有回答对方的问题，对方也非常容易接受。

增强你的亲和力

一个人的亲和力在人际交往中十分重要，要想使别人认可你，愿意一直与你交往下去，亲和力往往在其中起着非常重要的作用。

在日常生活中，我们经常会听到有人这样评价一个非常受欢迎的人："他看起来很亲切。""她让人不由自主地接近。""跟他在一起十分惬意，我很愿意与他交往。"这些都说明了一点，那就是亲和力在人际交往中的重要性。那些成功的人士，往往都是具有很强亲和力的人。

那是1960年10月的一天，科宁斯在报社办公室里看到那张工作人员任务单上，简直不敢相信自己的眼睛，反复把那一行字看了几遍：科宁斯——采访埃莉诺·罗斯福。

这不是非分之想吧? 科宁斯成为《西部报》报社成员才几个月，还是一个新手呢，怎么会给他如此重要的任务? 科宁斯拔腿去找责任编辑。

责任编辑停住手中的活，冲科宁斯一笑："没错，我们很欣赏你采访那位哈伍德教授的表现，所以派给你这个重要任务。后天只管把采访报道送到我办公室来就是了，祝你好运，小伙子！"

科宁斯急匆匆地奔进图书馆，寻找所需要的资料。科宁斯认真地将要提的问题依次排序，力图使其中至少有一个不同于罗斯福夫人以前回答过的问题。最后，科宁斯终于成竹在胸，甚至对即将开始的采访有点迫不及待了。

采访是在一间布置得格外别致典雅的房中进行的。当科宁斯进去时，这位75岁的老太太已经坐在那里等他了。一看见科宁斯，她马上起身与他握手。她那敏锐的目光，慈祥的笑容给人以不可磨灭的印象。科宁斯在她旁边落座以后，便率先抛出一个自认为别具一格的问题。

"请问夫人，在您会晤过的人中，您发觉哪一位最有趣？"

这个问题提得好极了，而且科宁斯早就预估了一下答案：无论她回答的是她的丈夫罗斯福，还是丘吉尔、海伦·凯勒等，科宁斯都能就她选择的人物接二连三地提出问题。

罗斯福夫人莞尔一笑："戴维·科宁斯。"

科宁斯不敢相信自己的耳朵：选中我，开什么玩笑？

"夫人，"他终于挤出一句话来，"我不明白您的意思。"

"和一个陌生人会晤并开始交往，这是生活中最令人感兴趣的一部分，"她非常感慨地说，"你这么辛苦地采访我，真是非常感谢你……"

科宁斯对罗斯福夫人一个小时的采访转眼结束了。她一开始就使他感到轻松自如，整个采访过程中，他无拘无束，十分满意。

这篇采访报道见报后获得全美学生新闻报道奖。然而科宁斯最重要的收获是：罗斯福夫人教给他的人生哲学——有时候亲和力比威严更让人怀念。多年来，科宁斯一直都要求自己也做个像罗斯福夫人那样具有亲和力的人。

不但成功人士的亲和力让人觉得十分可贵，而且一个普通人的亲和力也往往会带给他人快乐的情绪，从而成为个人的招牌。

有一天，美国著名职业演说家桑布恩迁至新居不久，就有一位邮差来敲他的房门。

"上午好，桑布恩先生！我叫保罗，是这里的邮差。我顺道来看看，并向您表示欢迎，同时也希望对您有所了解。"他说起话来有一股兴高采烈的味道，他的真诚和热情始终溢于言表，并且他的这种真诚和热情让桑布恩先生既惊讶又温暖，因为桑布恩从来没有遇到过如此认真的邮差。他告诉保罗，自己是一位职业演说家。

"既然是职业演说家，那您一定经常出差旅行了？"保罗点点头继续说，"既然如此，那您出差不在家的时候，我可以把您的信件和报纸刊物代为保管，打包放好。等您回到家的时候，我再送过来。"

这简直太让人难以置信了，不过桑布恩说，"那样太麻烦了，把信放进邮箱里就行了，我回来时取也一样的。"保罗解释说："桑布恩先生，窃贼会经常窥视住户的邮箱，如果发现是满的，就表明主人不在家，那您可能就要身受其害了。"桑布恩先生心里想，保罗比我还关心我的邮箱呢，不过，毕竟这方面他才是专家。

保罗继续说："我看不如这样，只要邮箱的盖子还能盖上，我就把信件和报刊放到里面，别人就不会看出您不在家。塞不进邮箱的邮件，我就搁在您房门和屏栅门之间，从外面看不见。如果那里也放满了，我就把其他的留着，等您回来再给您送来。"保罗的这种认真负责的态度确实让桑布恩先生感动，但是他说话时带着的那种温暖的笑容更是深深地打动了桑布恩。以前的时候，桑布恩甚至从来没有注意过邮差是什么样子的，他只对自己能否按时拿到邮件感兴趣。

桑布恩在这个社区长久地住了下来，后来他才发现，感觉到保罗身上具有一种神奇魔力的并不是他一个人，社区的很多邻居都非常喜欢保罗，并亲切地称呼他为"我们的保罗"。

亲和力是一种魔力，它使伟大人物变得如我们身边的人一样可以亲近，使普通的人身上充满着魅力的光环。保罗就是那个充满魅力的普通人，因为他的善良和真诚，以及他温暖的笑容，赢得了社区邻居的爱戴。

也许你会问："亲和力真的如此重要吗？"是的，亲和力能很好地展现你积极的情绪，的确很重要。不论你是一个成功者，还是一个普通人，只要做到在与人交流的时候，保持一个稳定的情绪状态，不抬高自己，也不贬低自己，用你的亲和力去凸显你的诚恳和善良，就能拉近人与人之间的距离，得到更多人的青睐。

图书在版编目（CIP）数据

管理好情绪：做一个内心强大的自己 / 张萌编著
. -- 长春：吉林文史出版社，2019.3（2024.3 重印）
ISBN 978-7-5472-5945-0

Ⅰ . ①管… Ⅱ . ①张… Ⅲ . ①情绪—自我控制—通俗
读物 Ⅳ . ① B842.6-49

中国版本图书馆 CIP 数据核字（2019）第 027197 号

管理好情绪：做一个内心强大的自己
GUANLI HAO QINGXU : ZUO YIGE NEIXIN QIANGDA DE ZIJI

编　　著：张　萌
责任编辑：孙建军　董　芳
出版发行：吉林文史出版社有限责任公司（长春市福祉大路 5788 号出版集团 A 座）
　　　　　www.jlws.com.cn
印　　刷：三河市众誉天成印务有限公司
版　　次：2019 年 3 月第 1 版　2024 年 3 月第 5 次印刷
开　　本：145mm×210mm　1/32
印　　张：8 印张
字　　数：176 千字
书　　号：ISBN 978-7-5472-5945-0
定　　价：36.00 元